おもしろ生き物研究

世界のヘンテコ鳥大集合

柴田佳秀・文
マツダユカ・絵

子どもの未来社

この本に登場する主な鳥たち

もくじ

第一章　鳥といったらくちばしだ

くちばしに
チューモク！

第二章　世界はヘンな鳥でいっぱいだ

あっちこっちに
ヘンテコ鳥

第三章　ふつうの鳥のふしぎ解決《かいけつ》

第四章　結婚《けっこん》・子育て大作戦《だいさくせん》

第一章

鳥といったらくちばしだ

キミは、「鳥って、どんな動物？」と聞かれたら、なんて答えるかな？

きっと「空を飛《と》ぶ生きものだ」とか、「羽《はね》があるよ」とか、「くちばしがある」なんて答えるんじゃないかな。そう、鳥って、くちばしがあって、全身が羽毛《うもう》におおわれていて、つばさをパタパタはばたかせて空を飛《と》ぶ、そんなイメージの生きものだよね。


でもね、くちばしだけ見ても「えっ？」と思うような鳥もいるよ。

まずは、そんな、おもしろくてヘンテコな鳥たちのあっとおどろくひみつの数かずを聞きだしてみよう！

鳥のユニークな世界に出発だ！

私、ドリトル柴田《しばた》が案内するよ。

1

一発ねらいの勝《しょう》負《ぶ》師《し》ハシビロコウ

くちばしに
チューモク！

ここはアフリカ・ウガンダの湿地帯《しっちたい》。動かない鳥として超有名《ちょうゆうめい》なハシビロコウがいる場所だ。小舟《こぶね》に乗って、さっそくさがしてみよう。

おっ！　いたいた。水ぎわに、じっと立っているハシビロコウを発見したぞ。それにしても、おっかない顔だよねえ。それに、あの巨大《きょだい》なくちばし。こんなヘンテコな鳥って、そうそういないだろうなあ。

ハシビロコウという日本名は、「くちばしが広いコウノトリみたいな鳥」という意味だ。すがたがコウノトリに似《に》ているけど、最近《さいきん》の研究では、ほかに近いなかまがいない独特《どくとく》の鳥ということがわかっている。英語《えいご》の名前は、「Shoebill（シュービル）」という。シューとはくつ、ビル

えものをねらうハシビロコウ　Ⓒ mtcurado

はくちばしのこと。くつみたいなくちばしの鳥、という意味だ。外国の人にはくつに見えるみたいだねえ。でも、いったいなんでこんなヘンテコなくちばしなのか、ハシビロコウに聞いてみよう。なんかヒマそうだからね。

「あのー、すみません。ずいぶんりっぱなくちばしですけど、どうしてそんな形をしているんですか?」

「ちょっと、話しかけないでくれる。いま、えものをねらっているんだから! これでも狩《か》りのまっさいちゅう。どうしてこんなくちばしなのか、見ていればわかるからさ!」

そう言われてから待つこと5時間。そのあいだ、まったく動かない。あーあ、つかれてねむくなってきたなあ、と思ったとき、とつぜん、ものすごいいきおいでハシビロコウが水の中に頭をつっこんだ。「あっ!」と思って見ていると、くちばしに大きな魚をくわえているじゃないか! そして、魚をゴックンと丸のみにしてしまった。まさに電《でん》光石火《こうせっか》の早業《はやわざ》だ。

食べ終わったら、満足《まんぞく》そうにハシビロコウが話しはじめた。

「いま、つかまえた魚はね、ハイギョっていうんだ。ハイギョは、水中では息ができない魚だから、数時間に1回は空気を吸《す》いに水面に顔を出す。オレはその瞬間《しゅんかん》をねらって、しんぼう強く待っていたんだよ。大きな魚だから1ぴきでおなかいっぱいになるから、一発勝負でねらうんだ。そのため、大事なのはくちばしだ。先のほうがちょっとカギ型《がた》に下にまがっているだろ。これで魚をひっかけるようにしてくわえる。太いくちばしは、大きな魚があばれてもしっかりくわえられるようなパワーがでるんだ」

そうか！　あの巨大《きょだい》なくちばしは、ハイギョを一発でしとめるために、どうしても必要《ひつよう》なアイテムだったんだね。まったく動かない鳥として有名だけど、動かないのは魚を確実《かくじつ》につかまえる技《わざ》だったわけだ。それにしてもなんて忍耐《にんたい》強い鳥なんだろうねえ。アフリカの勝負師《しょうぶし》といったところだな。

ハイギョってこんな魚　Ⓒ mashuk

2 ちょっと長すぎませんか ヤリハシハチドリ

くちばしに
チューモク！

今度は南アメリカ・アンデス山脈《さんみゃく》の森にやってきたぞ。ここでさがす鳥の名は、ヤリハシハチドリ。ヤリみたいな細長いくちばしをもった小鳥だ。

ハチドリのなかまは、南北アメリカに300種以上《しゅいじょう》がいて、花のみつがおもな食べもの。ものすごい速さではばたいて、飛《と》びながら花の中に細長いくちばしをつっこんで、みつを吸《す》うんだ。そのなかでも、ヤリハシハチドリのくちばしはとくに長くて、なんと自分の体よりも長い。長いものだと11センチメートルもあり、体の長さに対するくちばしの長さでは世界でいちばんといわれる。

ヤリハシハチドリに会うには、ちょっとコツがいる。それはトケイソウの一種の花を見つけて待つこと。この花のみつがだいすきだから、かならずあらわれるはずだ。

おっ、さっそくやってきたぞ。空中の一点にとどまるように飛《と》びながら、長いくちばしを花の奥《おく》までさしこんでみつを吸《す》っている。それにしても、この花はずいぶん細長いヘンな形をしているね。長さはなんと11センチメートルもあるんだそうだ。みつはその細長い花の奥《おく》深くにあるから、長いくちばしじゃないととどかない。その点、ヤリハシハチドリならば、楽勝だ！　こんな長いくちばしを持っているのは、この鳥だけだから、花のみつをひとりじめできるんだ。

じつはこれ、花にもいいことがある。鳥がみつを吸《す》うと体に花粉《かふん》がつくんだけど、これは花の作戦《さくせん》。植物は、めしべに花粉《かふん》がつかないと種《たね》ができない仕組なのは知っているかな？　だから植物は、鳥や虫の体に花粉《かふん》をつけて運んでもらうんだけど、とうぜん同じ種《しゅ》類《るい》の花に運ばれないと種《たね》ができない。その点、ヤリハシハチドリは、トケイソウの花のみつばかりを吸《す》うから、花粉《かふん》はかくじつにトケイソウに運ばれる。花も鳥も両方ハッピーなうまいやり方なんだ。

ところで、こんなに長いくちばしだとこまることがないのか、ちょっと聞いてみよう。

くちばしの長ーいヤリハシハチドリ　© Joseph Beck

「なに、こまることがないかって？　じつはあるんだよ。それは羽《はね》の手入れがくちばしでできないんだ。ふつう鳥は、くちばしで羽《はね》をととのえてきれいにするんだけど、ボクにはそれができない。でもね、ハチドリにしては足が意外と長いから、足でなんとか羽《は》づくろいができるんで心配ご無用《むよう》だ」

みつを独占《どくせん》して吸《す》えるすてきなくちばしだけど、ちょっとふべんなこともあるんだね。

3 暑いときにも役立つオニオオハシ

くちばしにチューモク！

キミは、この鳥をイラストや写真でみたことあるんじゃないかな？　名前はオニオオハシ。アンバランスなまでに大きなオレンジ色のくちばしが目立つ、なんだかオモチャみたいな鳥だけど、もちろん生きている。

カラフルな色はいかにも南の暑い国の鳥という感じがするよね。たしかにオニオオハシがすんでいるのは、南アメリカにある熱帯《ねったい》の国・ブラジルだ。たまにアマゾンのジャングルにいると言われるけど、それはまちがいで、もっと南、パンタナールと呼ばれる世界最大《さいだい》の大湿原《だいしつげん》にすんでいる。ここはジャガーやワニ、巨大なネズミのカピ

大きなオレンジ色のくちばしのオニオオハシ

バラなど、野生動物の宝庫《ほうこ》で、オニオオハシは水辺に広がる林にいるんだよ。

この大きすぎるくちばしは、おしゃれのためではなくて、もちろん役に立っている。それは大好物《だいこうぶつ》のくだものを食べるときに威力《いりょく》を発揮《はっき》する。くだものって、木の枝《えだ》になるのは知っているよね。なかには細い枝《えだ》の先にぶら下がるようになっているものもある。そんなときに長いくちばしだとかんたんにとどくから、つまみとることができるんだ。

とくにオニオオハシは、体が60センチメートルもある大きな鳥だから、体も重い。細い枝《えだ》の先にとまると、重さで枝《えだ》がビヨーンとしなっちゃって、くだものがうまくとれないんだ。でも、くちばしが長ければ、細い枝先《えださき》までいかなくてもとどくからだいじょうぶ。べんりなくちばしなんだね。

このくちばしには、もうひとつ意外《いがい》な役割《やくわり》があることが最近《さいきん》の研究でわかっている。それは、くちばしが暑さ対策《たいさく》になっているというからビックリだ。くちばしには細かい血管《けっかん》がたくさん走っていて、体の熱《ねつ》を下げるはたらきがあるんだって。

どのくらいすずしいのか、ちょっと聞いてみよう。

「いやあ、このくちばしは本当にすずしいんだよ。ここは熱帯《ねったい》だから、昼間は太陽の光が強くて暑くてしかたないけど、このくちばしのおかげでぜんぜん暑くない。熱中症《ねっちゅうしょう》になる心配がないから、元気にくらすことができるんだ。それと、ものすごく大きいから重そうに見えるけど、じつは中はスカスカで、とっても軽いんだ」

くだものをとるのにべんりで、暑さ対策《たいさく》にもなる軽くて長い大きなくちばしは、オニオオハシにはなくてはならない大切なものなんだね。

4

得《とく》意《い》わざはカニとりホウロクシギ

くちばしにチューモク！

ヘンな鳥って、アフリカとかアマゾンに行かないと見られないと思っていないかい？でも、それはおおまちがいだ。日本にだって変《か》わった鳥がけっこういるんだぞ。たとえば、くちばしが変《か》わっている鳥が見たかったら、おすすめは干潟《ひがた》に行くことだね。干潟《ひがた》とは、潮《しお》が引くと陸地《りくち》があらわれる浅《あさ》い海辺《うみべ》のことだ。ここには貝とかカニとか、いろんな生きものがたくさんすんでいる。潮干狩《しおひが》りでアサリを掘《ほ》りにいくところ、と言えばわかるかな。その干潟《ひがた》に春と秋にやってくる、シギという鳥のくちばしが変《か》わっているんだよ。

シギにはいろいろな種類《しゅるい》がいて、日本では57種《しゅ》が観察《かんさつ》されているんだけど、くちばしの長さやまがり具合が種類《しゅるい》によってさまざま。ふつりあいなくらいに長くて下にまがっていたり、反対に上に反《そ》っていたり、棒《ぼう》みたいにまっすぐだったり、じつにバラエティにとんでいる。干潟《ひがた》には、そんなおもしろいくちばしを持った鳥たちがたくさん集まっているから、観察《かんさつ》するのはとても楽しい。ぜひ、キミにも一度は見にいってほしいなあ。

変《か》わったくちばしを持つシギだけれど、なかでもいちばんの変《か》わり者は、ホウロクシギだろう。18センチメートルもある下向きに大きくまがった長いくちばしを持っているからね。こんな長いくちばしがどんなふうに役に立っているのか、ちょっと干潟《ひがた》で観察《かんさつ》してみよう。

ときどき、立ち止まって砂《すな》の中にくちばしをさしこんでいるね。あれは、砂《すな》の穴《あな》の中にいるカニをさがしているんだ。ほら、砂《すな》からくちばしを引きぬくと、先っちょにカニをくわえているだろう。ものすごく長いくちばしなので、砂《すな》の深い場所にもぐっているカニまでつかまえることができるんだね。それと下向きにまがっているから、穴《あな》にさしこみやすいんだ。ほんとにべんりなくちばしだ。見るたびに感心してしまう。

でも、目では見えない穴《あな》の中に、どうして

カニをつかまえたホウロクシギ　©堀内洋助

カニがいるってわかるんだろう。ちょっとホウロクシギに聞いてみよう。

「ああ、それはねえ、くちばしの先がとても敏感《びんかん》になっているからだよ。ちょっとさわっただけで、カニがいることがわかるんだ。だから、見えなくてもさがし当《あ》てることができる。このくちばしの先はとってもかたそうに思えるだろう。でもね、じつはやわらかくて、先だけまげることもできるんだ。それでせまい穴《あな》の中でも、先だけを開いてカニをはさむことができるんだよ」

へえ～、くちばしの先がまがるなんて、ビックリだねえ。カニとりのわざをきわ

上に反《そ》ったくちばしのオオソリハシシギ

めた結果《けっか》が、あの変《か》わった形のくちばしを産《う》み出したんだろうね。シギのくちばしは種類《しゅるい》によっていろいろだけど、それはねらうえものがそれぞれちがっているからなんだ。たとえば、オオソリハシシギは、少し上に反《そ》ったくちばしで、貝やカニを砂《すな》の中からさがしだして食べる。

キアシシギは、ものすごいスピードで走って、穴に入る前のカニを短いくちばしでつかまえる。

それぞれちがうえものをつかまえるから、ケンカすることなくいっしょにいることができる。「いろいろいるからみんないい」というわけなのだ。じつに自然《しぜん》界《かい》は平和にできているんだなあ。

走るのが速いキアシシギ

クイズ1

1　動かない鳥で有名なハシビロコウって、飛《と》べるの？　それとも飛《と》べないの？

A　ほとんど飛《と》べないよ。5メートルくらいならどうにか？

B　なに言ってるの？　鳥だから飛《と》ぶのはとくいだよ。何百キロも飛《と》ぶよ。

C　そうだねえ、100～500メートルなら飛《と》べるかな。

2　ハシビロコウを1羽《わ》1羽《わ》見分けるには、どこを見たらよい？

A　羽《はね》

B　頭

C　くちばし

答え：1 B、2 C　くちばしのもようがそれぞれちがうよ。

5

右にまがっている ハシマガリチドリ

くちばしに
チューモク！

ホウロクシギのくちばしは大きく下向きにまがっていたけど、ニュージーランドにいるこのハシマガリチドリのくちばしは、なんと横にまがっている。

鳥は世界に1万種《しゅ》もいるけど、くちばしが横にまがってるのはこの鳥だけだ。そして、みんな右方向におよそ12度の角度でまがっていて、左向きはこれまで一羽《わ》も見つかっていないというからビックリぎょうてんだ！

ハシマガリチドリは、水辺《みずべ》にすむ20センチメートルくらいの小鳥で、石ころだらけの河原《かわら》をちょこまかと走りまわっている。おもな食べものは昆虫《こんちゅう》で、とくに石の下にかくれている水生昆虫《こんちゅう》が大好物《だいこうぶつ》だ。

そこで問題。石の下にいる昆虫《こんちゅう》をとるにはどうしたらよいでしょうか？

そう、石をひっくり返せばいいよね。

ハシマガリチドリは、時計回りに歩きながら、つぎつぎと石の下にくちばしをさしこんではひっくり返し、えものを見つけては食べているんだ。それをするのに、くちばしの先が横にまがっているほうがやりやすいんだって。

でも、どうしてみんな右にまがっているのかとてもふしぎだね。

ハシマガリチドリ ©西川正昭

その理由をハシマガリチドリに聞いてみよう。

「え？ どうして右方向にしかまがっていないのかって？ そんなのわたしにもわからないよ。気がついたらまがっていたんだからねえ」

本人にもわからないとは、これはまたさらにビックリだ。

自然界《しぜんかい》にはだれもとくことができないナゾがあるんだね。

クイズ2

1 鳥は昔から、デザインされて、着物のもようや、家紋《かもん》などに使われてきました。
それでは、千鳥のデザインはつぎのうちどれでしょう。

A

B

C

答え：B　Aはツル、Cはガン（カリ）。

6 下くちばしが長いクロハサミアジサシ

くちばしにチューモク！

「たいへんだ！　この鳥、くちばしが折《お》れてケガをしているぞ」

はじめてこの鳥を見たら、きっとだれもがそう思うだろうね。

でも、心配ご無用《むよう》、これが正常《せいじょう》なくちばし。この鳥の名前は、もちろんケガをしているわけではない。クロハサミアジサシ。北アメリカから南アメリカの水辺《みずべ》にすんでいるカモメのなかまだ。

ふつう、鳥のくちばしは、上下の長さが同じか、上のほうが少し長いよね。だけど、このクロハサミアジサシは、下くちばしのほうが長いんだ。けっして折《お》れているわけじゃないんだよ。じゃあ、なんで、ふつうの鳥とは長さがあべこべのくちばしをもっているのか、そのひみつを聞いてみよう。

下くちばしが長いクロハサミアジサシ　© BrianEKushner

「あのー、おやすみのところすみません。どうしてそんなヘンテコなくちばしをしているんですか？」

「ヘンテコなんてしつれいしちゃうなあ。こうじゃないと、エサの魚がとれないからだよ。ちょっとやってみるから、見てな」

そう言って、クロハサミアジサシは海面すれすれを飛《と》びはじめた。

「こうやって、口を開いて、下くちばしだけを水の中にさしこんで水面ギリギリを飛《と》ぶんだよ。そして、くちばしに魚があたった瞬間《しゅんかん》に、とじてつかまえるんだ」

そう言いながら、得意《とくい》そうにやって見せてくれたけど、ぜんぜん魚がとれない。

「あのー、ほんとにそんなやり方でつかまえられるんですか？」

水面を切るようにくちばしをいれる ©BrianLasenby

「今は昼間で明るいからとれないんだよ。エサ取りの時間は朝早くか、夕方暗くなってからなんだ。暗くなると魚が水面近くに浮《う》かんでくるから、そこをねらうんだ。今はやり方を見せただけさ」

そう言って、また、岸辺《きしべ》におりてねむってしまった。

ふつうの鳥とはくちばしの長さがあべこべだけど、たしかにこっちのほうがエサ取りにはべんりだよね。それにしても、おもしろい鳥が世界にいるもんだなあ。

7 シャモジの形はべんりなの？ヘラサギ

くちばしにチューモク！

鳥のくちばしって、人間が食事をするときに使う食器《しょっき》と同じ働《はたら》きをするものなんだよね。はしみたいに物をつかんだり、フォークみたいに刺《さ》して使ったりする。肉を切るワシやタカのするどいくちばしは、ナイフみたいなものだろうね。

でも、さすがにスプーンはないんじゃない？　と思うだろ。ところがどっこい、スプーンみたいなくちばしを持つ鳥がいるんだよ。それも1種類《しゅるい》だけではないからビックリだ。

その代表が、ヘラサギという鳥のなかまで、世界に6種《しゅ》いる。そのうち、ヘラサギとクロツラヘラサギは、日本にやってくるから、キミにも出会いの機会があるぞ。

ヘラサギのくちばしは、スプーンというよりも、ごはんをよそうときに使う〝しゃもじ〟か〝へ

ヘラサギ

ら〞と言ったほうがキミたちにはしっくりくるかな。

では、このしゃもじの形のくちばしをどうやって使うのか見てみよう。ヘラサギがいるのは、池や川、干潟《ひがた》などの水辺《みずべ》だ。そこで魚をとって食べるんだよ。

おや、さっそくエサ取りがはじまったぞ。くちばしを水の中にさしこんで、左右にふりながら歩いて前に進んでいる。このとき、くちばしを少し開いて、魚がくちばしにあたると、すかさずはさんでつかまえるんだよ。でも、なんだかとってものんびりした方法《ほうほう》だねえ。こんなんでとれるんだろうか？

「このやり方でとれるかって？　もちろん、とれるからやっているんだよ。ほら、この池は水がにごっていて中が見えないだろ。だから、くちばしを水の中に入れて、左右にふってさぐりながらとるのがいちばんいいんだ。そんなとき、しゃもじのように先が広くなったくちばしだとつかまえやすい。でもやっぱり、魚がたくさんいるところじゃないと、なかなかうまくいかないんだよね」

じつは、ヘラサギのなかまのほかにも、くちばしがしゃもじの形になっている鳥が、もう1種《しゅ》いる。それはシギのなかまのヘラシギだ。干潟《ひがた》にくるシギは、いろいろなくちばしがあっておもしろいよ、って前に紹介《しょうかい》したけど、なんとスプーンの形もいるんだね。使い方はヘラサギといっしょで、くちばしを水につっこみ左右にふり、歩きながらエサをとる。ヘラシギの場合は、魚じゃなくて、干潟《ひがた》の小さな生きものだけどね。

だけど、こんなおもしろいくちばしのヘラシギは、じつは絶滅《ぜつめつ》の危機《きき》にある。世界で500~700羽《ぱ》しかいないというから、ほんとうにあぶない状態《じょうたい》なんだ。日本にもたまにすがたを見せるけど、いなくなってしまったら悲しいことだね。

ヘラシギのくちばしはスプーンの形　© thawats

8 ガバッとすくっちゃうペリカン

くちばしにチューモク！

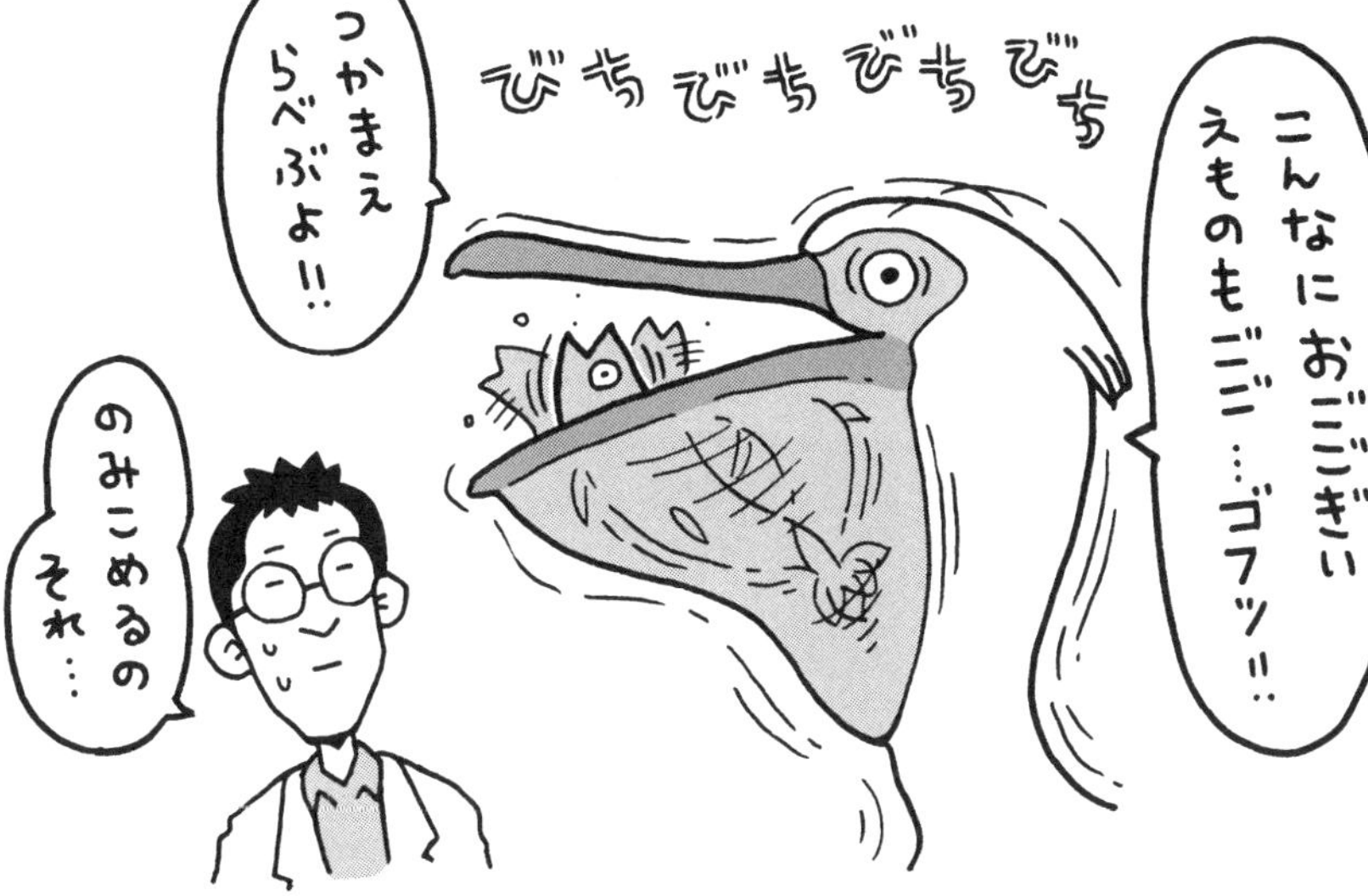

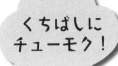

クーイズ、クイズ、なーんのクイズ？

世界でいちばん長いくちばしを持つ鳥って、なーんだ？

正解《せいかい》はペリカン。ペリカンは知っているよね。のどにふくろがある大きな水鳥だ。運送会社のマークにもなっているし、動物園でもよく飼《か》われているから、キミも見たことあるんじゃないかな。

世界には8種《しゅ》のペリカンがいて、魚が主食。あたたかい地方の湖や河口《かこう》、内湾《ないわん》にすんでいる。どの種類《しゅるい》もくちばしがとても長いけれども、オーストラリアにすむコシグロペリカンがいちばんで、50センチメートルもある。これが世界一。そして、下くちばしからのどにかけて、皮ふがのびて大きなふくろみたいになっているのも、ペリカンの大きな特徴《とくちょう》だ。大きなモモイロペリカンだと、このふくろに水を入れると14リットルも入るんだって！

マンガに出てくるペリカンは、このふくろに物を入れて運んだりするけど、さすがに実際《じっさい》はそんなことない。じゃあ、何に使うかと言えば、エサの魚をつかまえるときだ。巨大《きょだい》なふくろのくちばしをガバッと開いて、魚を一気にすくいとってしまうんだ。まさにくちばしが魚をとる網《あみ》になっているんだね。

ペリカンは魚をとる天才だけど、モモイロペリカンはチームワークもすごいんだよ。数羽《すうわ》から数十羽《すうじっぱ》がいっしょに泳いで、魚のむれをさがす。むれを見つけると、みんなで囲《かこ》むように泳ぎながら、くちばしを水に出し入れして魚を1か所に追いこんでいく。そして、だんだん囲《かこ》みを小さくしていって、魚が集まったところで、いっせいにくちばしを入れてすくい取ってしまうんだ。まさにみんなで協力《きょうりょく》して漁《りょう》をする。頭がいいよね。感心してしまう。

くちばしの長さ世界一のコシグロペリカン ©Christina Williger

ところでペリカンって、陸《りく》で休んでいるときに、のどのふくろをヘロヘロゆらしているのをよく見るけど、あれって、何をしているんだろう。ちょっと聞いてみよう。

「これかい？　ああ、これはねえ。暑いからやっているんだよ。ふくろには血管《けっかん》がたくさん通っているから、細かくゆらすことで熱《ねつ》をにがすことができて、すずしいんだよ」

なるほど、暑いからやっているのか。犬がハアハアするのと同じだねえ。鳥は汗《あせ》をかくことができないから、こういうくふうが必要《ひつよう》なんだねえ。

9 くいちがって いますけど イスカ

くちばしに
チューモク！

ここまでいろいろヘンテコなくちばしの鳥を見てきたけど、きわめつけはこのイスカだろうなあ。なんといっても上下の先が左右にくいちがって交差《こうさ》しているんだからね。知らないで見た人は、きっと病気じゃないかと心配しちゃうかもしれない。

イスカはスズメくらいの小鳥で、北半球の寒い地方にいて、冬になると日本にも飛《と》んでくる渡《わた》り鳥だ。また、北海道や青森県などでは、あまりたくさんではないけど、子育てをする鳥もいる。オスの体の色は赤や黄色でとても美しいけど、メスは少し黄色みがある灰色《はいいろ》で、ちょっと地味だ。

では、そのイスカのくちばしがどうしてくいちがっているのか、そのナゾをときあかしに行こう。それにはまず、イスカに出会わなければならない。

やってきたのは海岸にある松林《まつばやし》だ。イスカの大好物《だいこうぶつ》はマツの種《たね》だから、松林《まつばやし》でさがすと出会うチャンスがある。といっても、日本ではイスカはあまり数が多くない鳥だ。冬に渡ってくる数も年によってちがい、ものすごく多く来る年もあれば、ほとんど来ない年もある。だから、出会うのはちょっとむずかしいんだ。

「ギョッ、ギョッ、ギョッ」

イスカの声だ。マツの木の枝先《えださき》から聞こえてくるようだ。きっと枝《えだ》にたくさんなっているマツボックリが目当てなんだろう。

ようやく双眼鏡《そうがんきょう》ですがたをとらえると、イスカたちはやっぱりマツボックリをくちばしでほじくっている。種《たね》は、マツボックリのかさの間にはさまるように入っているからね。でも、固《かた》く閉《と》じているかさの間から、種《たね》をとりだすのはなかなかむずかしい。そこで威力《いりょく》を発揮《はっき》するのが、あのくいちがったくちばしなんだ。

　かさのすきまにくちばしの先を入れ、ひねるように開くと、かさにすきまができる。そこに舌《した》を入れて、器用《きよう》に種《たね》をとりだして食べるんだ。ふつう、鳥の舌《した》は上下にしか動かないけど、イスカはなんと左右にも動かすことができる。くいちがったくちばしと、自由に動く舌《した》があるから、マツボックリの中にある種《たね》をとりだすこと

くちばしがくいちがっているイスカ　Ⓒ MikeLane45

ができるんだねえ。それにしても、どうしてそんなにマツの種《たね》がすきなのか、聞いてみよう。

「なぜって、それはもう栄養満点《えいようまんてん》だからさ。アブラがたっぷりあるマツの種《たね》は、高カロリーの最高の食べものだ。だからオイラたちは、一年中マツの種《たね》を食べているんだけど、ずっと同じ場所にはない。それでマツボックリがある森をさがして、旅をしながらくらしているんだ。ヒナを育てるエサもマツの種《たね》だよ。子育てができるかどうかも、マツの種《たね》がたくさんあるかどうかで決まるから、食べものがあれば、真冬でも子育てをするんだ」

マツの種《たね》って、そんなに栄養《えいよう》のある食べものなんだね。ところで、あのくいちがったくちばしは、生まれたときからなのだろうか。

「生まれたばかりのヒナは、ふつうの鳥と同じようなくちばしで、くいちがっていないよ。1～2週間くらいすると、だんだん下くちばしの先がのびてずれてくる。右にずれるか、左にずれるかは決まっていないんだ」

ヒナのときは親からマツの種《たね》をもらえるから、くちばしがずれてなくてもいいんだろうね。それにしても、成長《せいちょう》するとだんだんずれてくるっておもしろいね。

第二章

世界はヘンな鳥でいっぱいだ

ひとつ質問《しつもん》するよ。

「鳥は、世界に何種《なんしゅ》いるでしょうか？」

答えは、約《やく》1万種《しゅ》だ。

どうだい、けっこういるんでビックリしたかな？

これだけいると、鳥なのに空を飛《と》べないとか、海鳥なのに泳げないとか、それはもう、いったいどうしちゃったの？ と言いたくなる鳥もいるんだ。

1
かくれんぼ名人
ハイイロタチヨタカ

あっちこっちに
ヘンテコ鳥

キミはかくれんぼがとくいかな？　鳥の世界には、めちゃくちゃかくれるのがうまい鳥がいるんだけど、なかでも世界一は、中南米の森にいるハイイロタチヨタカだろう。まずは写真を見てくれ。どこにいるかわかるかな？

折《お》れた枯《か》れ枝《えだ》の上に立ったしせいでとまっているのがそうだ。右向きに少しとがったくちばしが見えるから、よく見れば気がつくと思うけど、これ、森の中だったら見つけるのは神わざだと思わないかい？　まったく動かないから、少しはなれたら枝《えだ》にしか見えないんだよ。

ハイイロタチヨタカは夜行性《やこうせい》だから、昼間はこうやって枝《えだ》になりすまして、ねている。昼間は、かんぺきにカモフラージュしていないと敵《てき》に見つかっちゃうから、かくれんぼ名人でないと生きのこっていけないんだ。

どこにハイイロタチヨタカはいる？　Ⓒ Kate Mueller

夜のハイイロタチヨタカ ©FabioMaffei

今度は夜のようすを観察《かんさつ》してみよう。昼間いた枝《えだ》を懐中《かいちゅう》電灯《でんとう》で照《て》らしてみると……。

「うわ〜、おばけだあぁぁぁぁ！」

と、思ったけど、あれ？ よく見るとハイイロタチヨタカだ。丸くて大きな黄色い目玉がギョロッとして、本気でおどろいたよ。昼間のすがたからは想像《そうぞう》できない顔だねえ。でも、どうして、あんな目をしているのか聞いてみよう。

「びっくりさせちゃったみたいでゴメンねえ。この大きな目は、少しの光さえあればよく見える、すぐれものなんだ。暗闇《くらやみ》を飛《と》んでいる虫を見つけるためで、虫を見つけると、パッと枝《えだ》から飛《と》びたって、空中でパクッと食べちゃう。そして、もといた枝《えだ》にもどる。これがオレたちのエサ取り方《ほう》法《ほう》なんだよ。おっとゴメンよ、また虫が飛《と》んできたぞ！」

と言ったとたん、飛《と》んできたガを、大きな口でパクッとくわえて食べてしまった。なんだかマンガみたいな目だけど、夜に虫をとるために大切な役割《やくわり》があるんだね。

「よだかの星」ってどんなお話？

宮沢賢治《みやざわけんじ》（1896～1933年）という人が書いた作品に「よだかの星」という話があります。

ヨダカはとてもみにくい鳥として描《えが》かれています。「顔は、ところどころ、みそをつけたようにまだらで、くちばしは、ひらたくて、耳までさけています。足は、まるでよぼよぼで、一間《いっけん》（180㎝）とも歩けません。ほかの鳥は、もう、よだかの顔を見ただけでも、いやになってしまうというぐあいでした。」

ヨダカはみんなからきらわれ、とくにタカからは「名前をかえろ」とまで言われます。なにも悪いことをしていないのに、見かけできらわれることをかなしんで、いっそのこと死《し》のうと思います。ヨダカは空高く飛《と》んでいき、力つきて地におちる瞬間《しゅんかん》、力をふりしぼってふたたび飛《と》びあがり、青い美しい星となって燃え続《つづ》ける、というお話です。

小鳥たちからもばかにされるヨダカ
『よだかの星』（文　宮沢賢治　画　佐藤国男、子どもの未来社）

あっちこっちにヘンテコ鳥

2

フラミンゴがピンクなのは、藻《も》を食べるから

アフリカのケニアにフラミンゴを見にやってきたよ。

この鳥がいるのは、大地溝帯《だいちこうたい》とよばれる大きな谷にある湖。そこに100万羽《ば》ともいわれるものすごい数のむれをつくってくらしているんだ。だから、見つけるのはとてもかんたんだ。

おー、いる、いる。湖の岸近くをものすごい数でうめつくしているぞ。まるで、水に浮《う》かぶ桜《さくら》の花びらのようだ。

フラミンゴは、おもにアフリカと南アメリカに6種《しゅ》いて、なかでもアフリカには、オオフラミンゴとコフラミンゴがたくさんいるんだ。見た感じは首と足が長くてツルに似《に》ているけど、ぜんぜんちがうなかまで、ほかにも似《に》たなかまがいない。独自《どくじ》のグループに属《ぞく》しているんだよ。

それにしても、なんてきれいなピンク色だろうね。じつは、この色、エサを食べることによってつくんだ。とくにだいすきなのが、スピルリナという、顕微鏡《けんびきょう》でないと見えないくらいに小さな藻《も》だ。スピルリナは、見た目はピンクではないけど、カロテノイドという色素《しきそ》がたくさんふくまれていて、フラミンゴが食べると、ふしぎなことに羽毛《うもう》がピンク色になるんだよ。昔は、この仕組みがわからなくて、動物園で飼《か》っているとだんだん白くなってしまった。今の動物園では、カロテノイドがふくまれているエサをやっているから、きれいなピンク色のフラミンゴが見られるんだね。

じつは、フラミンゴがいる湖は「死の湖」ともよばれていて、魚なんて一ぴきもいない。水に塩《しお》やソーダとよばれる物《ぶっ》質《しつ》がふくまれていて、ほとんどの生きものは生きていけないからだ。ふしぎなことにスピルリナは、この物質《ぶっしつ》を栄養《えいよう》にすることができて、強い太陽光線で光合成《こうごうせい》をおこなって爆発的《ばくはつてき》にふえる。フラミン

フラミンゴ

ゴはそれを目当てに集まってくるんだよ。

「どうやって、そんな顕微鏡《けんびきょう》じゃないと見えないくらいの小さな藻《も》を食べることができるんだい？」

って、フラミンゴに聞いてみると、

「それは、オイラのくちばしにひみつがあるからさ。くちばしのふちに、細かい毛のようなものがびっしりとはえているんだ。すいこんだ水を舌《した》でおしだすと、この毛に藻《も》だけがひっかかるようになっているんだよ。まあ、フィルターみたいな働《はたら》きだ。だから、小さな藻《も》でもたくさん食べることができるわけさ」

そう言ってから、じっさいに食べるところを見せてくれた。なんと上くちばしを下にして、水面をなでるようにして食べている。くちばしを、こんな使い方をする鳥はほかにいない！　なんともフラミンゴって、ふしぎな鳥なんだねえ。

3

恐竜《きょうりゅう》の生きのこり？ヒクイドリ

あっちこっちに
ヘンテコ鳥

恐竜《きょうりゅう》みたいなヒクイドリ　ⓒbendenhartog

恐竜《きょうりゅう》は絶滅《ぜつめつ》したと思っているキミ！　それは、おおまちがいなのは知っているかな。

今でも恐竜《きょうりゅう》は生きのこっていて、たくさんくらしているんだよ。もちろんティラノサウルスはいないけど、すがたを変《か》えて生きているんだ。きっと、キミは、今日も恐《きょう》竜《りゅう》を見たと思うけどな。

そう、鳥こそ恐竜《きょうりゅう》なんだ。最新《さいしん》の研究では、ティラノサウルスを代表とする獣脚類《じゅうきゃくるい》とよばれるなかまが、現在《げんざい》の鳥に進化したと考えられている。だから今、キミたちが見ている鳥は恐竜《きょうりゅう》の生きのこりと言えるわけだ。

でも、「スズメは恐竜《きょうりゅう》と同じ」と言われ

ても、ピンとこないよねえ。ところが、この鳥を見たら、なるほど鳥は恐竜《きょうりゅう》の子孫《しそん》だと思うよ。それがヒクイドリだ。

ヒクイドリのなかまは、オーストラリア北部とニューギニア島にいて、どれもジャングルにすんでいる。ヒクイドリ、コヒクイドリ、パプアヒクイドリの3種《しゅ》だよ。

いちばん大きなヒクイドリは、大きさ1メートル70センチ、体重が80キロもある巨大《きょだい》な鳥だ。こんなに重いから、もちろん飛《と》ぶことはできない。オス、メスどちらにも、頭に皮ふがかたくなったヘルメットのような部分がある。ジャングルのやぶで頭を守るためにあると言われるけど、じっさいにその使い方はよくわかっていない。

頭から首にかけては、羽毛《うもう》がはえてないから、青や赤色の皮ふが見えている。この赤い色から、「火を食べているのでは?」と思われて、「火食い鳥」という名前になったという説《せつ》があるんだ。

こんな巨大《きょだい》な鳥が、ジャングルからいきなり出てきたら、ぜったいにビビるだろうね。ほんとうに「恐竜《きょうりゅう》が出た!」と思っちゃうかもしれないよ。じつはこわいのは本当で、世界一危険《きけん》な鳥としても有名だ。とくに太い足の指先には、するどくとがった爪《つめ》があって、強烈《きょうれつ》なキックをおみまいされたら、人間だって命があぶない。じっさいに死んでしまった人もいるそうだ。

でも、ちょっと勇気《ゆうき》を出して聞いてみよう。

「あのう、ヒクイドリさんて、そんなにおそろしい鳥なんですか?」

「いいや、オレはじつはおくびょうなんだよ。みんな、世界一危険《きけん》だとこわがってるけど、人に会う前にふつうは逃《に》げちゃう。でも、逃《に》げられないところに追いこまれたら、そりゃ、勇気《ゆうき》を出して戦《たたか》うよ。でも、戦《たたか》うのはしかたなくやっているんだ。だから、オレを追いつめないでほしいな」

なるほど、かってにこわそうだと思いこんで、ヒクイドリを悪者にしてはダメだよね。どんな動物でも理由なしでは戦《たたか》ったりしないんだからさ。

あっちこっちにヘンテコ鳥

4 鳥の忍者《にんじゃ》だ！ゴジュウカラとレンカク

忍者《にんじゃ》って、かっこいいよねえ。しゅりけんを投げたり、木のみきをさかさになっておりたり、水の上を歩いたり、超人的《ちょうじんてき》な能力《のうりょく》をもっているってホントかな？

じつは、鳥の世界にも、忍者《にんじゃ》顔負けのわざをもつものがいるんだよ。

まずはゴジュウカラ。大きさはスズメくらいの灰色《はいいろ》の小鳥だ。

さかさのゴジュウカラ

「すいませーん。この写真、上下がさかさまになっちゃってますよぉ」って、思った？

いやいや、これで正しいんだ。この鳥のとくいわざは、頭を下にして木のみきをおりること。まるで忍者《にんじゃ》みたいなことをやってのけるんだ。はじめてこのわざを見たときは、さすがのドリトル柴《しば》田《た》も、目が点になってしまったんだ。

足の指のつかむ力がものすごく強いから、みきをガッチリつかんで、こんなびっくりな動きができるんだ。森の中の忍者《にんじゃ》鳥といった感じだね。

日本では、九州北部から北海道の山にすんでいて、それほどめずらしい鳥じゃないから、キミも山で出会えるはずだ。

水面を歩く鳥もいるぞ。まあ、水の上を直接《ちょくせつ》歩くんじゃなくて、水草の上を歩いているんだけどね。その鳥は、レンカクのなかま。世界の熱帯《ねったい》地方の水辺に8種《しゅ》いるんだけど、ざんねんながら日本ではあまり見られない鳥だ。

レンカクがいるのは、スイレンやヒシといった、水面に葉っぱを浮《う》かせるタイプの水草がある池や湖。その葉っぱの上を歩きながらエサをさがしている。でも、水に浮《う》いた葉っぱに乗るといっても、よっぽど体重が軽くないと、葉っぱごと水にしずんじゃうよね。

指の長いトサカレンカク　©jordieasy

ところがレンカクは、ものすごく長い足の指で、体重を分散《ぶんさん》させることができるから、しずまないで歩けるんだ。一点に重さが集中すると、しずんじゃうからね。

おもしろいのは、ヒナの時からすごく指が長いことだ。レンカクにとって、どれだけ指が長いことが大切かが、よくわかる気がするよ。

5 海鳥なのに泳げないグンカンドリ

あっちこっちにヘンテコ鳥

♪海は、広いな、大きいなあ〜。

そりゃあ、海は広い。だって、地球の約《やく》70パーセントは海なんだからね。この広い海にも、もちろん鳥がくらしているぞ。

海の鳥といったら、キミはまっさきにどんな鳥を思い出す？　たぶん、カモメじゃないかな？　でも、カモメ以外《いがい》にもいろんな種類《しゅるい》の鳥が海でくらしているよ。

たとえば、グンカンドリ。つばさを広げると2メートルをこえる巨大《きょだい》な鳥で、オスののどは、赤く風船のようにふくらませることができる。メスへ求愛のアピールのために使うんだ。世界中の熱帯《ねったい》の海にいて、日本にはときどきすがたを見せるよ。

グンカンドリは、海鳥なのにじつは泳げないんだ。泳げないどころか、おぼれて死んでしまうこともあるそうだ。その事実を知ったときは、ドリトル柴田《しばた》もほんとうにびっくりした！　よく絶滅《ぜつめつ》しなかったね、って。

「ちょっと、グンカンドリさん、泳げないきみは、エサはどうしているんだい？」

「オレたちは、ほかの鳥がつかまえたえものを横取りするのが専門《せんもん》。えものをとった鳥を追いかけて、うばいとって食べるというわけさ。だから、泳げなくても食べものに

巨大《きょだい》なグンカンドリ　ⓒ BlueBarronPhoto

こまることはないんだ。なにせ、オレたちは飛《と》ぶのがとくいでさ。この長いつばさは、あまりはばたかなくても、風をとらえて飛《と》ぶことができるすぐれもの。どこまでも追跡《ついせき》できるし、ツバメのような尾羽《おばね》で、自由自在《じゆうじざい》に方向転換《てんかん》できるから、一度オレたちにねらわれたら逃《に》げきることはまずできない。繁殖地《はんしょくち》の島に帰るまで、３０００キロもずっと飛《と》びつづけることができるんだぞ。もちろんそのあいだ、昼も夜もまったく休むことなく飛《と》んでいる。ねるのも飛《と》びながらだ。どうだい、おどろいただろう？」

　ほかの鳥からえものをうばいとって生きているなんて、鳥たちの中じゃおそれられているんだろうね。でも、そんなくらしをしているためか、泳ぐことができなくなったわけだ。何かを得《え》るためには、何かを捨《す》てないとダメなんだね。それにしても、飛《と》びながらねるなんて、どんな体の構造《こうぞう》をしているんだろう。とてもふしぎだ。

6

黒い傘《かさ》のおばけ? クロコサギ

あっちこっちに
ヘンテコ鳥

まずは、この写真を見てほしい。水の上に黒い傘《かさ》のようなものがあるけど、これなんだと思う？　なんと、アフリカにすんでいるクロコサギという鳥なんだ。日本にもいる、首が長いサギと同じなかまなんだけど、どこに頭があるかもわからないヘンテコなすがただ。

じつはこれ、エサとりの最中《さいちゅう》の姿勢《しせい》。つばさを傘《かさ》のように広げて、その中に頭を入れている。だから、外から頭が見えないんだよ。こうやって日かげを作って、えものの小魚をつかまえると言われている。だから、このエサ取り方法は、晴れている日しか見られないんだそうだ。

では、どうして日かげを作ると、小魚がとれるんだろう。それは小魚が日かげに集まる習性《しゅうせい》

カサの形にへんしん！　© MikeLane45

があるから。いや、そう考えられてきたんだけど、傘《かさ》を使って日かげを作った実験《じっけん》では、小魚はそれほど集まってこなかった。

「ねえ、クロコサギさん、どうしてそんなかっこうをしているんですか？」

「ああ、これかい？　明るいと、水面が反射《はんしゃ》して魚がいるのがよく見えないからだよ。こうすると水の中の魚がよく見えるから、とってもつかまえやすい。歩きながら、つばさを傘《かさ》みたいに広げて、魚が見えたら、鋭《するど》いくちばしでパッとつかまえるのさ」

なるほど！　たしかに影《かげ》を作ると水の中がよく見えるよね。いったいこんなわざをいつからやりはじめたのか、ビックリだ。

スラリとしたクロコサギ　© mirecca

わたしはクロコサギ
なにもないところから魚を出してごらんにいれましょう
ほんと〜？
魚をよびよせるポーズをとりまして…
…いきますよ？
どき
どき
3…… 2…… 1……
はいっ!!
チャプン
はい大成功〜!!!
ジャーー
はいって言ったときこっそりとっただろ!!!
この詐欺師《さぎし》!!!
サギだけに
ブー
ブー

7
もっとも日ざしをあびる鳥
キョクアジサシ

あっちこっちに
ヘンテコ鳥

飛行《ひこう》の名人である鳥は、ぼくたちの想像《そうぞう》をこえる場合があるぞ。

なかでもキョクアジサシという、カモメのなかまの海鳥は、体重がわずか100グラムしかない小さな鳥なのに、なんと地球の両端《りょうたん》にある北極《ほっきょく》と南極《なんきょく》の間を毎年往復《おうふく》するんだ。その距離《きょり》は、もっとも長いものでなんと9万キロメートル！　世界の鳥の中で、もんくなしの渡《わた》りのチャンピオンだ。

キョクアジサシの1年はこうだ。子育ては6月の北極《ほっきょく》で行う。そのころの北極《ほっきょく》は1日じゅう太陽が出てい

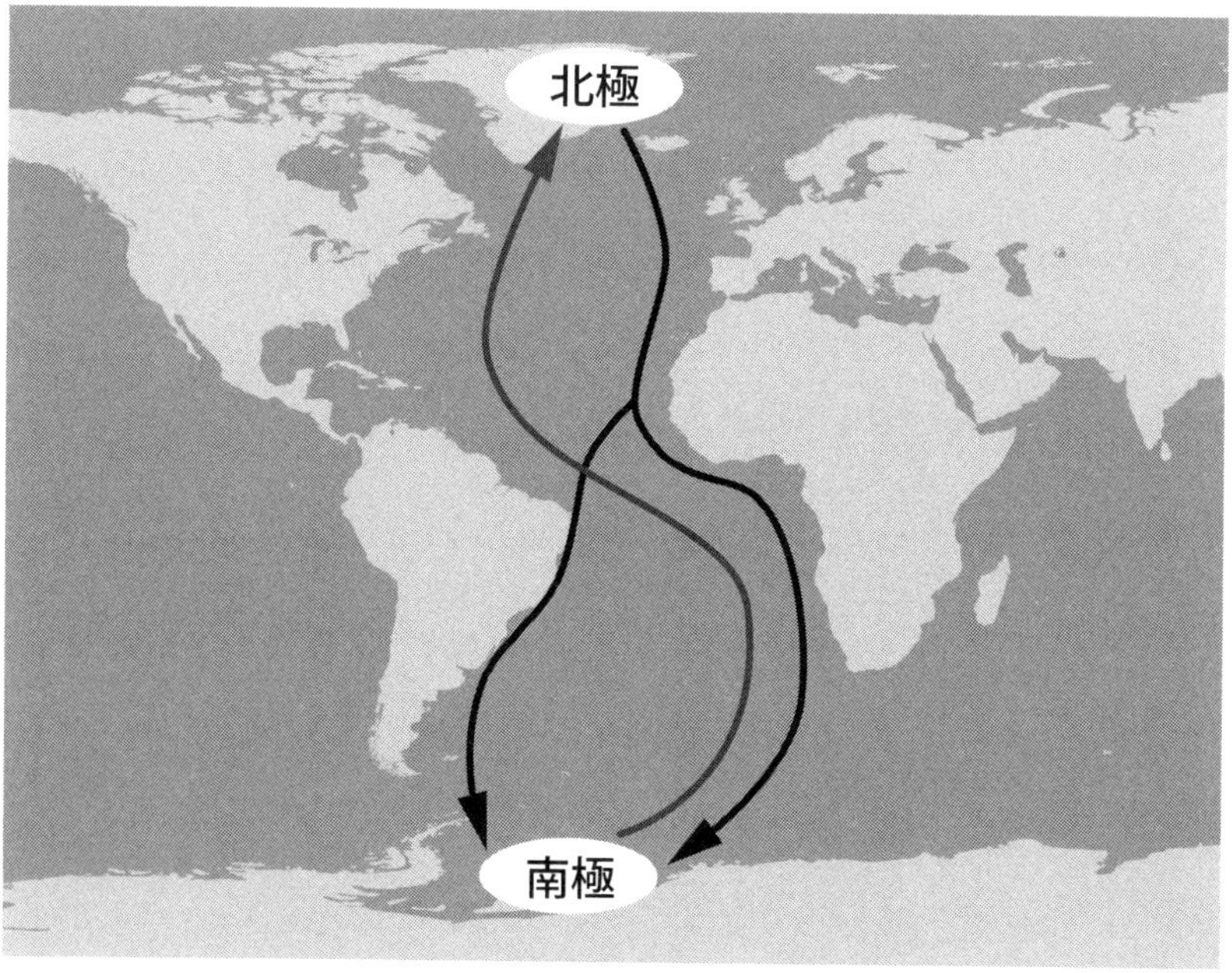

てずっと明るい。夜がないから、1日じゅうたっぷりと日ざしをあびてすごせるんだ。ひと月ほどもすると子育てが終わり、今度は南極《なんきょく》にむかって旅をはじめる。南極《なんきょく》につくのはだいたい10月ごろ。それから4カ月くらいは、南極《なんきょく》あたりの海や島ですごす。

渡《わた》り鳥のチャンピオンのキョクアジサシ　ⓒ drferry

北半球の日本だと、10月から2月までは秋から冬の季節《きせつ》で寒いよね。だけど、南極《なんきょく》がある南半球は、日本とは季節《きせつ》がぎゃくになるから、この季節《きせつ》は春から夏で、南極《なんきょく》は1日じゅう太陽がしずまない期間がある。

なんとキョクアジサシは、南極《なんきょく》でも1日じゅうたっぷりと日ざしをあびてすごすんだよ。北極《ほっきょく》でも南《なん》極《きょく》でも夜がない季節《きせつ》をすごす。だから、もっとも日ざしをあびる鳥とよばれるんだ。

でも、なんでこんなに遠い場所を往復《おうふく》するんだろう。

「ねえ、キョクアジサシさん、いくら太陽の光が好《す》きだからといっても、９万キロメートルも毎年飛《と》ぶのはたいへんじゃないの？」

「なんでそんな渡《わた》りをするかの理由を知りたいのかい？　それは、その季節《きせつ》の北極《ほっきょく》と南極《なんきょく》には、食べものの小魚がたくさんいるからだよ。だから、どんなに遠くても出かければいいことがあるんだ」

なるほど！　苦労《くろう》するにはそれなりの理由があるんだねえ。それでも９万キロメートルも毎年渡《わた》るなんて、やっぱり驚異的《きょういてき》だ！

キョクアジサシの寿命《じゅみょう》は30年だというから、計算すると死ぬまでに２７０万キロメートルも飛《と》ぶことになる。月までの距離《きょり》が38万キロメートルだから、キョクアジサシは、死ぬまでに月まで3往復半《おうふくはん》も飛《と》んだことになるんだ！

たった１００グラムの鳥がしんじられない力をもっているんだね。

8
ササゴイはフライフィッシングをする

あっちこっちにヘンテコ鳥

カラスは頭がいいっていうのは、けっこう有名だよね。じゃあ、サギも頭がいいっていったらしんじてもらえるかな？

キミは、サギを見たことがある？　日本のサギには、白いシラサギとよばれるなかまと、ゴイサギやヨシゴイなどの、名前に「ゴイ」とつくなかまがいる。そのなかのササゴイという名前のサギは、びっくりぎょうてん！　の知恵《ちえ》をもっているんだ。

ササゴイは、春になると、北海道をのぞく日本全国にやってきて子育てをし、秋には東南アジアの越冬地《えっとうち》へ去っていく渡《わた》り鳥だ。大きさは50センチくらいで、全体的《ぜんたいてき》に灰色《はいいろ》をしている。おもに川の近くにすんでいて、魚が主食だ。

そして、そのササゴイはなんと釣《つ》りをする。といっても、全国のササゴイがやるわけではなく、いくつかのかぎられた場所でしか発見されていないんだけどね。

その場所とはどこかって？

この行動が最初《さいしょ》に発見されたのは、熊本県《くまもとけん》の水前寺《すいぜんじ》公園だよ。ここにはきれいなわき水の池があり、オイカワなどの魚がたくさんすんでいるんだ。

「あ、ササゴイ発見！　池の岸にある岩にとまっているぞ。じっと動かないで水面を見つめている。おや？　くちばしで何かを水面に投げたぞ。どうやら羽毛《うもう》のようだ。おや、その羽毛《うもう》をエサとまちがえて、魚が近づいてきた……」

バッシャン！　おみごと！

ササゴイは、目にもとまらぬ速さで魚をつかまえた。まさにフライフィッシングだ。

もう1羽《わ》、ほかの場所でササゴイを見つけた。おや、投げたのは羽毛《うもう》じゃなくて、トンボだ！　この鳥は、エサ釣《つ》り師《し》だね。すぐにトンボを食べようと魚が近づいてくると、すかさずとらえたぞ！

ササゴイはトンボだって食べるけど、

魚をとらえたササゴイ

それをがまんして、魚をおびきよせるエサにするなんてたいしたものだねえ。

1日見ていたら、羽毛《うもう》やトンボのほかに、小枝《こえだ》やパン、葉っぱなども利用《りよう》していたよ。

「ねえ、ササゴイさん、そのスゴわざ、どうやっておぼえたの？」

「ああ、人間が魚にエサをやるのを見て、ひらめいたヤツがいたんだよ。こうすれば魚がとれる！ってね。それがいつのまにか、なかまの中に広まったってわけさ」

どこの世界でも、天才はいるもんなんだねえ。人間のやるのをまねするなんて。

あ、そうそう、若《わか》い鳥は釣《つ》りがヘタなんだって。ものすごく大きな羽《はね》を使ったり、魚から丸見えの場所からエサを投げたりして、なかなかうまくいかないそうだ。

やっぱり経験《けいけん》がものをいうんだね。

この形の はっぱさー
ウハウハよ
すごいたくさん 魚とれるぞ
まじでー
じー
おれも やるー
おれもまねして みよう…
それっ
ぽた
しーーーん
…。
…なんだよ ぜんぜん魚 こねーじゃん
あの若鳥 あんな 水たまりで やってるぞ…
魚いないとこで やってもな…
ぽい ぽい
もう２・３まい なげとくか

クイズ3

**1　鳥の名前のついた花はたくさんあります。
では次のうち、ないのはどれでしょう。**

A　ウグイスカズラ
B　ホトトギス
C　サギソウ
D　スズメバラ
E　カラスノエンドウ

答え：D　左上から時計回りに　カラスノエンドウ、ホトトギス、ウグイスカズラ、サギソウ

第三章

ふつうの鳥のふしぎ解決《かいけつ》

「フツーの鳥」って書いたのは、これまでふしぎで変《か》わった
鳥たちをしょうかいしてきたからね。
きみたちの身辺で見かける「フツーの鳥」
にもふしぎはたくさんある。
そのふしぎを、ドリトル柴田《しばた》が
解決《かいけつ》してみせるよ。

1

どうしてニワトリは早起きして鳴くの？

フツーのフシギ？

「コケコッコー、朝ですよ～」

ニワトリはほんとうに早起きだね。朝、日がのぼりはじめると、かならず大きな声で鳴く。この習性《しゅうせい》を利用《りよう》して、中国では目ざまし時計としてニワトリを飼《か》いはじめたという説《せつ》もあるくらいだ。

あまりにもきちんと毎朝鳴くから、朝ねぼうしたいときには、ちょっとこまりものだけどね。

それにしてもニワトリって、どうして早起きなんだろう。なにか理由があるのか、ニワトリに聞いてみよう。

「あの～、ニワトリさん、どうして、いつもあんなに早起きなんですか？」

「毎朝、うるさくしてごめんね。だけど、鳴かなければならない理由があるんだ。コケコッコーって鳴くのは、オスだけだって知ってた？　メスはね、こんなふうに大きな声では鳴かないよ。じつは、そこに大きなヒントがかくされているんだ」

「オスがヒントっていうこと？」

「そう。ニワトリのオスには、縄《なわ》ばりがあるんだ。その縄《なわ》ばりに、ライバルのほかのオスのニワトリが入ってこないように、大きな声で鳴いて知らせているんだよ」

「なるほど、ここはオレの縄《なわ》ばりだぞ！　って鳴いているんですね」

「そういうこと！　とにかく、朝早く起きて、みんなが行動を開始する前に鳴いて宣《せん》言《げん》する。まごまごしていると、すきをねらってライバルが侵入《しんにゅう》してくるから、朝一番で鳴くのが重要《じゅうよう》なんだ。まあ、こうやって高らかに宣言《せんげん》してしまえば、しばらくは、ゆっくりとエサを食べられるからね」

そうか、先手必勝《せんてひっしょう》で朝早くに鳴くわけだ。

じつは、早起きなのはニワトリだけじゃない。多くの鳥が朝早く起きて行動を開始する。なかには、日がのぼる前の暗いうちから鳴きはじめる鳥もいるくらいだ。

キミも早起きをして森に行ってみよう。きっといろんな鳥が鳴いていていてびっくりするだろうから。

ニワトリの郷土玩具《きょうどがんぐ》

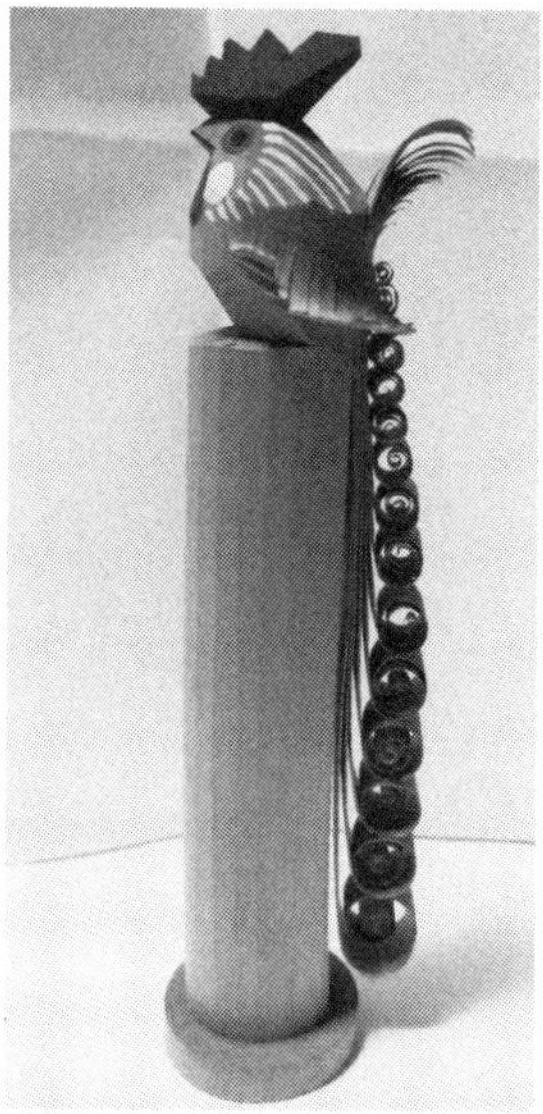

笹野《ささの》の一刀彫《いっとうぼり》（山形県米沢《よねざわ》市）

古賀《こが》人形（宮崎《みやざき》県宮崎《みやざき》市）

中野土人形（長野県中野市）

きびがら細工《ざいく》（栃木《とちぎ》県鹿沼《かぬま》市）

紀州《きしゅう》ヒノキの一刀彫《いっとうぼり》（和歌山県田辺《たなべ》市）

フツーのフシギ？

2 どうしてハトは首をふって歩くの？

キミは、もちろんハトを知っているよね。

じゃあ、ハトが歩く様子をじっくりと観察《かんさつ》したことあるかな？　かならず首を前後にふって歩いているよね。あれ、なんでだろう？

反動をつけるために首をふっているのだろうか？　ちょっと気になるから、ハトに聞いてみることにしよう。

「もしもし、おいそがしいところすみません。どうしてあなたは、歩くときに首をふるんですか？　そうしないと歩けないんでしょうか？」

「これ、メッチャ聞かれる質問《しつもん》。どうも人間は、ハトの首ふりがとっても気になるみたいだね。これねえ、じつは首をふっているわけじゃないんだよ」

「えー！　どうみても首をふっているようにしか見えないけど、どういうこと？」

「頭をなるべく動かさないようにして歩いているんだ。ちょっと速くてわかりにくいかもしれないけど、頭の位置《いち》に注目して、よく見てごらん。

まず、頭を前にグッと出し、動かさないように固定《こてい》する。

そして、次に体を引きよせて進む。

また頭を前へ出し、動かさないようにして体を引きよせる。そのくり返しで歩いているんだ。動きが速いから、ぱっと見には、首を前後にふっているように見えるんだよね。

ボクたちハトの目は、横向きについているだろ。頭を固定《こてい》しないで動きつづけると、景色《けしき》が流れてしまってよく見えないんだよ。だから、よく見えるように頭を固定《こてい》する必《ひつ》要《よう》がある。止まっているほうが物はよく見えるのはわかるよね。少しでもあたりをよく見ようとすると、こんな動作になってしまうんだよ」

「へえ、そうだったんですか」

ハトの歩き方には、そんなひみつがあったんだね。

じゃあ、ハト以外《いがい》の鳥はどうなのか、ほかの種類《しゅるい》でも観察《かんさつ》してみよう。新しい発見があるかもしれないよ。

なぜ、ハトは平和の象徴《しょうちょう》なの？

キリスト教の聖書《せいしょ》に、ノアの方舟《はこぶね》のお話があります。

世界を大洪水《だいこうずい》がおそい、ノアのつくった大きな船に乗った動物たちだけが助かりました。雨はやみましたが、地上はまだ水びたしでした。ノアが、ハトを船から飛《と》ばすと、オリーブの枝《えだ》をくわえて帰ってきたので、大地が生き返ったのがわかりました。

1949年にパリで開かれた国際《こくさい》平和擁護《ようご》会議の時、ピカソの描《えが》いたオリーブをくわえたハトがポスターに使われて、ハト＝平和のイメージが世界に広まりました。

けれどそれより前の日本でも、第一次世界大戦《たいせん》が終わると、ハトとオリーブの絵の「平和記念《きねん》」切手が発行されています。

また、郵政省《ゆうせいしょう》ができて「郵政記念日制定《ゆうせいきねんびせいてい》」記念《きねん》としてもハトとオリーブの切手が発行されました。

1919年発行

1919年発行

1950年発行

3

フツーのフシギ？

どうしてカワセミはきれいな色をしているの？

色なんかより大きな魚をもってこれるかの方が大事だわ
フン！
しゅん…
こんなにキレイなのに…

カワセミって、きれいな鳥だよね。背中《せなか》はコバルトブルーに輝《かがや》いているし、おなかはあざやかなオレンジ色。日本の鳥の中で美しさナンバーワンかもしれない。カワセミって漢字だと「翡翠（ひすい）」と書くんだけど、これって宝石《ほうせき》と同じ名前なんだ。昔の人も宝石《ほうせき》みたいなきれいな色だと思ったんだろうね。

でも、どうしてカワセミって、こんなに美しい色をしているんだろう。鳥の世界では、オスは色あざやかで美しいけど、メスは茶色で地味な種類《しゅるい》がけっこういる。たとえばカモがそうだね。

これは、美しいオスのほうがメスにモテるからという理由だ。また、メスは卵《たまご》をだいてじっとしていなければならないから、天敵《てんてき》に見つからないように地味な色をしているという理由もある。ところがカワセミの場合は、オスもメスも美しいから、この理由はあてはまらない。いったいどうしてカワセミはきれいな色をしているのか、聞いてみよう。

「ねえ、カワセミさん、どうしてそんなに美しい色なんですか？」

「え？　そんなのわからないよ。生まれたときから、ずっとこの色だからねえ」

「なんと！　本人も理由がわからないんですね」

うーん、それならわたし、ドリトル柴田《しばた》が調べてみよう。

カワセミの美しい色は、「食べてもおいしくない」ってことをあらわしているんじゃないかという説《せつ》が見つかった。

カワセミではないけど、はでな色をした鳥と、地味な色をした鳥の剥製《はくせい》を置いて、タカにねらわせた実験《じっけん》がある。その結果《けっか》、タカは地味な色の鳥を襲《おそ》ったんだそうだ。

また、鷹匠《たかじょう》（タカを使って狩《か》りをする人）の話によると、タカは、はでな色のマガモのオスをねらわずに、地味なメスのほうを選《えら》んで襲《おそ》うんだそうだ。そういえば、カワセミって、他の生きものに襲《おそ》われたり、食

美しいカワセミ

べられたりしているところを見たことがない。

たしかに、魚だって、色とりどりの熱帯魚《ねったいぎょ》はあまりおいしそうには見えないよね。この説《せつ》はまだはっきりしてはいないんだけど、カワセミのはでな色にそんな役割《やくわり》があるのは納得《なっとく》できる気がするな。

カワセミの切手
（1993 年発行）

4
台風の時には鳥はどうしているの？

フツーのフシギ？

台風が近づいてくるとほんとうにこわいよね。しんじられないくらいの強い風が吹《ふ》くし、ものすごい量《りょう》の雨が降《ふ》って、たいへんな被害《ひがい》が出ることがある。

人間だってたいへんなのに、ずっと外にいる小さな鳥たちは、台風のときはいったいどうしているんだろう。

じつは、鳥の羽毛《うもう》は雨にはとても強いんだ。ちょっとくらいの雨ならば、水滴《すいてき》となって流れ落ちるので、体がぬれることはない。ただし、これはいつもきちんと手入れをしていないとダメなんだ。

鳥は、しょっちゅう自分の羽《はね》を、くちばしで羽《は》づくろいをしているよね。そのとき、尾羽《おばね》の付《つ》け根《ね》の部分に油が出るところがあって、そこからくちばしに油をつけて羽《はね》にぬって防水性《ぼうすいせい》を高めているんだ。この手入れをすることで、雨でもへっちゃらでいられるというわけだ。

だけど、ほんとうにすごい台風のときはどうしているのか、スズメに聞いてみよう。

「もしもし、スズメさん、ちょっといいですか？　このあいだの台風はほんとうにすごかったけど、どうしていたんですか？」

「ああ、あのときは、建物《たてもの》のすきまに避難《ひなん》していたよ。風がふせげて、雨にぬれない所だからね。さすがにあのくらいの台風だと耐《た》えきれないからねえ。でも、木にとまってねていた若いスズメたちは、たくさん犠牲《ぎせい》になっちゃったよ。台風がくる秋は、若いスズメたちは一本の木に集まってねる習性《しゅうせい》があるんだけど、そこに、あの強い雨と風が襲《おそ》ったから、体温がうばわれて命を落としてしまったんだ」

「それはかわいそうなことをしましたね」

経験《けいけん》が豊かな大人の鳥は避難《ひなん》してぶじでも、経験不足《けいけんぶそく》の若鳥《わかどり》たちは犠牲《ぎせい》になってしまったみたいだ……。

自然《しぜん》はほんとうにきびしいなあ。でも、こういう試練《しれん》は昔から何回も鳥たちに襲《おそ》いかかってきたはずだ。だから、今もこうやってたくさんの鳥たちがいるのは、そのきびしい試練《しれん》を乗りこえてきたからでもあるんだ。

鳥たちはほんとうにたくましい。尊敬《そんけい》してしまうよ。

クイズ3

1 スズメのことわざで、ごくわずかな量のたとえは、つぎのうち、なんというでしょう？

A　スズメのよだれ

B　スズメのなみだ

C　スズメのおしっこ

2 つぎのことわざと同じ意味のものはどれでしょう？

「スズメ百までおどりをわすれず」

A　五十歩百歩

B　ここで会ったが百年目

C　かわいさあまって　にくさ百倍

D　三つ子の魂《たましい》　百まで

答え：1　B、2　D　スズメは死ぬまでハネルように歩くので、ちいさい時に身につけたことは、いくつになっても直らないというたとえ。Dは、三歳《さい》ころの性格《せいかく》は百歳《さい》になってもかわらないという意味。

フツーのフシギ？

5 どうしてツバメは家に巣《す》を作るの？

ツバメの巣《す》って、商店や家の軒下《のきした》など、建物《たてもの》にあるよね。じゃあ、建物《たてもの》じゃない場所、たとえば木に作られているツバメの巣《す》を見たことがある人はいるかな？

たぶんいないと思う。なぜなら今まで、世界中のどこをさがしても、人間が作った建物以外《たてものいがい》にツバメの巣《す》が見つかったことがないからだ。

いったいぜんたいツバメは、どうしてこんなにも建物《たてもの》が好《す》きなんだろう。ふつうの鳥は、人間をこわがるから、人がたくさんいる場所に巣《す》をつくらないけど、これにはきっとひみつがあるにちがいない。

さっそくツバメに聞いてみよう。

「あのー、ちょっとお聞きしてもいいですか？　ツバメさんは、どうして建物《たてもの》にこだわって巣《す》を作るんですか？」

「あー、それはねえ。人間のそばが安全だからだよ。オレたちツバメにとって、いちばんこわいのはカラスとヘビなんだ。卵《たまご》やヒナが食べられちゃうからね。人がいる建物《たてもの》に巣《す》を作れば、カラスやヘビが近づかないでしょ。ヘビは町にはあまりいないし、カラスも人間を警戒《けいかい》するからね。それに、家にツバメが巣《す》を作ると幸せになる、という言いつたえがあるらしくて、昔から人間はツバメを大切にしてくれたんだよ」

「なるほど！　人間がこわい天敵《てんてき》から守ってくれるガードマンの役割《やくわり》をしているんですね」

ふんよけがつけられたツバメの巣《す》

ところで、きみは、いま、ツバメにいちばん人気の巣《す》をつくる場所を知っているかな？
それは、高速道路のサービスエリアと道の駅なんだ。そのなかでもとくに巣《す》があるのがトイレのそばだよ。サービスエリアや道の駅のトイレは、たくさんの人が利用する。いつも人がたくさんいたほうが、天敵《てんてき》が近づくチャンスが少ないことをツバメはよくわかっているからなんだね。

だけど、最近《さいきん》はツバメの巣《す》をきらう人も出てきた。糞《ふん》でよごれるからね。ツバメが巣《す》を作る家は幸せになると言って、大切にされてきた関係《かんけい》がくずれてしまうのは、ちょっと悲しいね。

解決策《かいけつさく》として、糞《ふん》よけの板をつけている家もあるよ。こうすればよごれないから、昔みたいにツバメとなかよしになってくれるといいんだけど。

ツバメは人に愛《あい》されないと生きていけないからね。

フツーのフシギ？

6 どうして日本にインコがいるの？

東京に野生のインコがいるって、テレビのニュースで見たことないかな？

インコって、熱帯《ねったい》のジャングルにいかないと見られない鳥だと思っていたから、この話を聞いたときにはビックリした。

でも、どうしてそんな暑い国にいる鳥が、こんな寒い日本の東京にいて、生きていけるのかとてもふしぎだ。そこで、ほんとうにインコがいるのか、さがしてみることにした。

訪《たず》ねたのは、東京都世田谷区《せたがやく》にあるお寺だ。春になると、サクラの花を食べにインコがやってくるという情報《じょうほう》をキャッチしたからだ。

「キャラ、キャラ」

お寺についてしばらくすると、ケヤキの木の上のほうから、聞きなれない声がした。声がするほうを双眼鏡《そうがんきょう》でのぞいてみると、緑色の鳥がいる。インコだ！

このインコ、正式な名前は「ワカケホンセイインコ」という。もちろん日本の鳥ではなく、スリランカやインドにすんでいる種類《しゅるい》だ。

そんな鳥がどうして東京にいるのか、はっきりしたことはわかっていないけど、今から40年くらい前に、ペットの鳥がにげだしたという説が有力だ。なかにはペットショップから一度に大量《たいりょう》ににげだしたという話もある。

さて、さっそく聞いてみよう。

「おーい、きみたち熱帯《ねったい》の鳥のインコが、どうして東京でくらしていけるんだい？」

「キャラ、キャラ。じつは、オイラたちワカケホンセイインコは、寒さなんかへっちゃらなんだ。だって、ふるさとのスリランカの山の上は意外と寒いんだよ。インコはみんな暑いところにいるというイメージがまちがっているんだ。暑さ寒さより、オイラたちにはもっと大切なことがある。なんだと思う？」

「うーん、食べものかな？」

サクラの花を食べるワカケホンセイインコ

「正解《せいかい》！　野生で生きるためには、十分な食べものがなければダメだよね。オイラたちはくだもの、木の芽《め》、花がおもな食べものなんだ。東京には意外と緑が多いから、食べものにこまることはないんだよ。とくに春になるといっせいに咲《さ》くサクラの花は、ほんとうにありがたい。サクランボもなるからウハウハだ。もう一つ、都会にはエサをくれる人がけっこういて、それにも助かっているんだよ」

「なるほど、もともと寒さに強くて、緑が多い東京だと食べものにこまらないというわけなんだね」

なんと、今、東京にはワカケホンセイインコが約千羽《やくばね》もいるらしいよ。おどろいたことに東京だけじゃなくて、イギリスのロンドンやドイツのベルリンなど、世界中の大都市でも野生化してくらしているんだって。野生化したのはだいたい同じころだというから、それもふしぎだ。世界中でワカケホンセイインコをペットとして飼《か》いはじめたのが、だいたい同じタイミングだったのかもしれないね。

7 どうしてモズはハヤニエを作るの？

フツーのフシギ？

うわー、これはいったいなんだ？　枝《えだ》にバッタが刺《さ》さっているぞ！　いったいだれがこんなざんこくなことをしたんだ？

じつはこれ、モズという小鳥が作ったもの。モズにはカエルやバッタ、魚などのえものを枝《えだ》のトゲなどに刺《さ》しておく習性《しゅうせい》がある。これを「ハヤニエ」と言うんだ。

では、どうしてモズはハヤニエを作るのだろう。このなぞときに、これまでたくさんの研究者が挑戦《ちょうせん》し、いろんな説《せつ》が考えられてきた。

たとえば、モズは足の力が弱くてえものをおさえることができないから、枝《えだ》に刺《さ》して固定《こてい》する説《せつ》。えものをとりすぎたときにとっておく説《せつ》などがある。でも、はっきりしたことはよくわ

モズのハヤニエ

かっていなかった。

だから、モズ本人に理由を聞いてみよう。

「モズさん、どうしてハヤニエをつくるんですか？」

「そんなことか。答えは、ずばり栄養《えいよう》をつけるため。ハヤニエ作りをスタートさせるのは秋。えものが少なくなる冬にそなえて、自分の縄《なわ》ばりの中に、つかまえたえものを枝やトゲに刺《さ》してとっておいて、あとで食べるんだ。でも、ふつうの保存食《ほぞんしょく》ではないよ」

「ふつうの保存食《ほぞんしょく》？　どういうこと？」

「ハヤニエを一番たくさん食べるのは1月なんだ。オスがメスに求愛《きゅうあい》の歌を歌いはじめる時期で、いちばん栄養《えいよう》をつけなければならないと

魚のハヤニエをつくるモズ

きだからね。ハヤニエをたくさん食べると栄養《えいよう》がついて、早口で歌えるようになるんだ。メスは早口で歌うオスが好きだから、ハヤニエをたくさん作って食べたオスは、メスにモテるんだよ。まさにハヤニエは栄養食《えいようしょく》なんだ。そういうわけで、ハヤニエを作るのは主にオスなんだよ」

「そうだったのか」

長いあいだとけなかったハヤニエのなぞは、どうやらオスの栄養食《えいようしょく》ってことで決着がついたね。でも、ほんとうにオスしかハヤニエを作らないのかは、まだまだ調べないとならないみたいだ。

モズってとても身近な鳥だから、キミたちにも見られるはずだ。

ぜひ、ハヤニエを見つけて、それがどうなるか調べてみるとおもしろいと思うよ。

8

スズメはつかまえちゃいけないの？

フツーのフシギ？

スズメって、とってもかわいいよね。とくに巣立《すだ》ったばかりの子スズメはものすごくかわいい。つかまえて飼《か》ってみたいと思ったことないかな?

でも、ちょっとまって。スズメは飼《か》ってはいけないんだよ。これは法律《ほうりつ》で決まっていることなんだ。スズメだけでなくて、日本にいる野鳥、つまり野生でくらしている鳥はぜんぶ、つかまえて飼育《しいく》してはいけないことになっている。もし、こっそり飼《か》っているところを見つかると、法律違反《ほうりついはん》として犯罪《はんざい》になる。

では、どうして野鳥を飼《か》ってはいけないのだろうか。この話は、人間の決まりのことだから、わたしが説明《せつめい》しよう。

理由は大きく分けて2つある。

1つは、鳥は、虫や魚のようにたくさんふえない動物だからだ。多くの鳥は1年間に子育てできるのは1回か2回。ふつう1回に育てるヒナの数もだいたい5〜6羽《わ》だ。ということは1年間に、10〜20羽《ぱ》くらいしかふえない計算になる。さらにヒナが巣《す》立って生きのこるのは数羽《すうわ》だ。そんなあまりふえない生きものを人間がつかまえれば、すぐに減《へ》ってしまうのはかんたんに想像《そうぞう》がつくよね。

2つめの理由は、鳥は日本の自然《しぜん》の中で、とても大切な役割《やくわり》をしている生きものだから。鳥を保護《ほご》しないと人間のくらしや自然《しぜん》に悪影《あくえい》響《きょう》をあたえてしまうと考えられるからだ。たとえば、昆虫《こんちゅう》の多くは植物を食べるけど、なかには農作物や街路樹《がいろじゅ》など、人が大切にしている植物も食べてしまうものがいる。つまり害虫《がいちゅう》だね。鳥はその害虫《がいちゅう》を食べるから、いなくなると害虫《がいちゅう》だらけになってたいへんなことになってしまう。また、植物の多くは鳥が実を食べることで種《たね》を運んでもらい、子孫《しそん》をふやすことができるんだ。鳥がいなければ森ができないといってもいい。こんなふうに鳥はとても重要《じゅうよう》な仕事をしているから、人間がつ

手に乗るスズメ

かまえてペットにしてはいけないことになっているんだ。

それじゃあ、巣《す》から落ちたヒナやケガをしている鳥は保護《ほご》してはいけないんだろうか。答えは、都道府県《とどうふけん》の役所に連絡《れんらく》して、許可《きょか》をもらえれば飼育《しいく》はできる。だまって飼《か》うことはできないから気をつけてほしい。

また、多くの鳥のヒナは、飛《と》べないうちに巣《す》から出てしまうことがふつうだ。でも、これを巣《す》から落ちたとかんちがいして拾《ひろ》ってしまうことがよくある。近くに親がいて、ちゃんとエサをあたえてめんどうを見ているんだから、それを知らずに拾《ひろ》えば、誘拐《ゆうかい》と同じだよ。助けなくてもいいヒナをつれてきちゃうのは、鳥の親にとって悲しいことだから注意してほしいな。

★ドリトル柴田《しばた》より／鳥獣保護管理法《ちょうじゅうほごかんりほう》で「狩猟鳥《しゅりょうちょう》」とされている鳥は、狩猟《しゅりょう》期間内に定められた方法《ほうほう》を使って捕獲《ほかく》した場合は飼育《しいく》できます。スズメも狩猟鳥《しゅりょうちょう》なのですが、定められた方法《ほうほう》で生けどりするのはほとんど無理《むり》なので、本書では「飼育《しいく》できない」としています。

9

どうしてペンギンは空を飛《と》ばなくなったの？

フツーのフシギ？

さ…さむいから手みじかに
そもそもボクたちのご先《せん》祖《ぞ》はね水の中ですばやく泳ぐためにだね……
くど
くど

ペンギンが鳥だって、さすがにきみも知っているよね？　卵《たまご》を産んでふえるし、くちばしがあるし、体は羽毛《うもう》でおおわれているから、りっぱに鳥のなかまだ。でも空を飛《と》ぶことができない。空飛《と》ぶペンギンを見た人はいるかな？　いたら大発見だから、ぜひ報告《ほうこく》してほしい。

じゃあ、どうしてペンギンは空を飛《と》ばなくなったのだろう。南極《なんきょく》のコウテイペンギンに聞いてみよう。

「しつれいですが、ペンギンはなぜ空を飛《と》ばなくなったのですか？」

「そりゃ単純《たんじゅん》なことだ。飛《と》ぶ必要《ひつよう》がないからだよ。海の中を自由自在《じゆうじざい》に泳げればくらしていかれるからね。ところでキミは、ペンギンが泳いでいるのを見たことがあるかな？」

「はい、水族館で。そう、つばさではばたくように泳いでいましたね」

「ちゃんと見ているね。ペンギンのつばさは『フリッパー（ひれ）』とよばれ、板のように平たくなっていて、それをはばたくように動かすことで進むんだ。ペンギンは水の中を飛《と》ぶように泳ぐ鳥なんだ」

「あの、足の水かきは使わないんですか？」

「これは、方向転換《てんかん》するときに使うよ」

「なるほど。では、もしかして、ペンギンも昔は空を飛《と》べたのですか？」

「大正解《だいせいかい》！　ボクたちのご先祖様《せんぞさま》は空を飛《と》べた。でも、水の中ですばやく泳ぐ魚やオキアミを追いかけるには、体が軽いとうまく泳げない。だから、だんだん体重がふえて、つばさは水をかきやすい板のようになり、水の中で活動するのにいい体に進化していった。そうなればもう、空を飛《と》ぶことはできない。空を飛《と》ぶか、水の中を泳ぐか。ペンギンは水の中を泳ぐほうをとったんだね。その結果《けっか》、ボクたちコウテイペンギンは、645メートルもの深さまでもぐって、え

飛《と》ぶように泳ぐフンボルトペンギン

ものをとれるまでになったんだ」

「それはすごい！」

たしかにペンギンは、空を飛《と》ぶように水の中でつばさを上下に動かしている。ペンギンは水の中を飛《と》んでいるんだね。空も水中もどっちも、なんて中途半端《ちゅうとはんぱ》ではなく、ひとつのことにかけたから今のペンギンがあるんだね。

フツーのフシギ？

10 ツルは千年生きるってホント？

「鶴《つる》は千年、亀《かめ》は万年」ということわざがある。ツルもカメもとても長生きする生きものだから縁起《えんぎ》がよいとされ、長寿《ちょうじゅ》をお祝《いわ》いするときに使ったりする言葉だね。

そうそう、七五三の時に下げる千歳飴《ちとせあめ》のふくろにも、ツルとカメの絵がかいてあったのをおぼえているかな？　子どもが元気に成長して長生きしますように、と願《ねが》いがこめられているんだね。

では、じっさいにツルは千年も生きると思う？

さすがに千年はむりだと思うよね。でも百年ならどう？　じっさいにどのくらい生きるのか、ツルのなかまで代表的《だいひょうてき》なタンチョウに聞いてみよう。

「タンチョウさん、あなたたちはどのくらい長生きなんですか？」

「そうですねえ、野生のタンチョウだと28歳《さい》が最高《さいこう》ですね。ロンドン動物園で飼《か》われていたタンチョウは、41歳《さい》まで生きたそうですがね」

「そうなんですか。上野動物園で飼《か》われていたマナヅルは、67歳《さい》まで生きたという記録《きろく》がのこっていますよ」

「それは長生きしましたね」

さすがに千年はむりでも、やっぱりツルはけっこう長生きするんだね。

ちなみに鳥の長生き記録《きろく》は、クルマサカオウムとオオフラミンゴの83歳《さい》だ。どちらも外国の動物園で飼《か》われていた鳥で、記録《きろく》がのこっている。フラミンゴはとても長生きする鳥で、東京の多摩《たま》動物園で飼《か》われているオオフラミンゴの緑20は、今も生きていて60歳《さい》になるというからビックリだね。

そうそう、カメの長生き記録《きろく》は、ガラパゴスゾウガメで１７５歳《さい》だ。２００歳《さい》以《い》上《じょう》生きたというアブダブラゾウガメもいる（記録《きろく》がちゃんとのこってはいないけど）。

さすがに万年は生きないけど、カメはほんとうに長生きなんだね。

ダンスをするタンチョウ　© USO

なぜ千羽鶴《せんばづる》を折《お》るの？

「鶴《つる》は千年、亀《かめ》は万年」ということわざのように、少しでも長生きしたいというねがいから、江戸《えど》時代の人たちに、鶴《つる》を折《お》ることが広がったそうです。

第二次世界大戦《たいせん》で、広島に原爆《げんばく》が落とされました。そのとき２歳《さい》だった佐々木貞子《ささきさだこ》さんは、12 歳《さい》で「急性白血《きゅうせいはっけつ》病《びょう》」と診断《しんだん》され、「生きたい」というねがいをこめながら、薬の包《つつ》み紙などで鶴《つる》を折《お》りつづけたそうです。

貞子《さだこ》さんが亡《な》くなった後、「原爆《げんばく》の子の像《ぞう》」が作られ、広島の平和のシンボルとなりました。全国から送られた千羽鶴《せんばづる》が、周囲《しゅうい》のケースにかざられています。

折《お》り鶴《づる》を高くかかげる
「原爆《げんばく》の子の像《ぞう》」（1953 年建立《こんりゅう》）

色とりどりの千羽鶴《せんばづる》

第四章

結婚《けっこん》・子育て大作戦《だいさくせん》

さて、さいごの章は、
鳥の結婚《けっこん》と子育ての変《か》わったモデルだ。
でもね、事情《じじょう》をきいてみれば、それぞれ、くふうの結果《けっか》
なんだとわかるよ。
いろんなスタイルがあっていいんだね！

1

鳴きまねじょうずでないとモテないコトドリ

歌がうまくてダンスもうまい男子って、かっこいいよね。女の子にキャーキャー言われるのまちがいなしだ。でも、どっちもじょうずにやるのはなかなかむずかしいでしょ。

ところが、鳥の中には、歌もダンスもうまい器用《きよう》なオスがいるんだよ。その名はコトドリ。コトドリのオスは、カラスくらいの大きさで、体の色はチョコレート色の地味な感じ。でも、尾羽《おばね》がとても長くて、レースのようなかざり羽のある、なかなかゴージャスな鳥だ。見た感じは日本のキジに似《に》ているけど、世界で2種類《しゅるい》しかなかまがいない、とてもめずらしい鳥なんだよ。

そんなコトドリがすんでいるのは、オーストラリア南東部の森。高さが100mにもなるユーカリの木がたくさんはえている、世界の中でも飛《と》びぬけた巨木《きょぼく》の森にすんでいる。

「ピーオ、ピーオ」

地面近くのやぶの中から、笛の音のような大きな声が聞こえてきた。コトドリの声だ。

さっそく声がしたあたりに行ってみると、直径《ちょっけい》1メートルほどの、土がむき出しになった場所を見つけた。じつはこれ、コトドリの作ったステージなんだ。

繁殖期《はんしょくき》の6月になると、このステージの上でオスは大きな声で鳴き、ダンスをおどって、メスに求愛《きゅうあい》する。こんなステージを縄《なわ》ばりの中に10か所も作って、メスにいっしょうけんめいアピールするんだよ。

さて、ステージが見える場所に観察用《かんさつよう》のテントをたてて、コトドリがやってくるのを待つことにしよう。鳥を観察《かんさつ》するときは、すがたをかくすテントをたてると、鳥をこわがらせないんだ。

しばらくしたらコトドリがあらわれて、ステージに上がると大きな声で鳴きはじめたぞ。

「ピーオ、ピーオ、ウーイップ、キャラキャラ、クワカカカココココ……」

尾羽《おばね》が長いコトドリのオス　ⓒ tracielouise

いろいろな鳴き方を次から次へとくり出してくるな。決まった鳴き方はないのかな？

そう、じつは、コトドリの鳴き声の70％は、ワライカワセミなど、ほかの鳥の鳴き声の一部をまねしているんだ。いったん鳴きだすと20分は、いろんな鳥の鳴きまねを次から次へと連続《れんぞく》して鳴きつづける。多いと15種類《しゅるい》もの鳴きまねを取り入れて、自分のオリジナルラブソングを歌うんだ。思わず聞いてみたよ。

「ねえ、コトドリさん、どうしてそんなに鳴きまねをするんですか？」

「なぜって、たくさんの鳴きまねができるほうが、メスにモテるからだよ。鳴き声はほかの鳥から聞いておぼえるんだけど、若いこ

ステージで尾羽《おばね》を広げてダンスをするコトドリのオス　© quentinjlang

ろは勉強不足で少ししかおぼえられない。歳《とし》をとるにしたがって、まねできる声がふえていくんだ。たくさん鳴きまねができるオスは、それだけ経験《けいけん》が豊かということになるね。メスはそんなオスと結婚《けっこん》したいんだよ。おっと、メスが来たみたいだ。ちょっとゴメンよ」

するとコトドリは、とつぜんステージの上で、尾羽《おばね》をもちあげてひっくりかえし、頭の上をおおうようにして、おどりはじめた。顔が見えないので、なんだか白いフワフワしたナゾの生きものみたいだ。鳴きまねではなくて、電子ビームのような声で歌いはじめた。びっくりだ。

メスにとっては、このおどりと声がたまらなく魅力的《みりょくてき》なんだって。

でも、そうかんたんにはメスに気に入ってもらえないみたいだ。だから、繁殖期間《はんしょくきかん》中、オスは何回も歌とおどりをくり返して、メスをさそわなくてはならない。

それにしても、世界にはきみょうな鳥がいるもんだね。

そこの彼女！ぼくのモノマネきいてよ!!
オホアッ オハハハハハ ハハハハハッ!!!
どう？
おもしろーい♥ なんていう鳥のマネ？
いや…
それはわかんないです
そのへんのとりです
ああ…そうなの…
他にもこんな音も出せるよ!!
カシャッ!!
ブブッブィィ ブィイイイン!!!
すごい音!! いったいこれはなんの音なの!?
さあ…きのうたまたまきいたんで
なんの音かまでは……
そこにはキョーミないのね

2

芸術的《げいじゅつてき》センスがきめて、ニワシドリ

それぞれ
がんばってます

よくあつめてくるなー
赤と青のコントラストに黄色のアクセントを効《き》かせたケッサクだよ!!!

芸術的《げいじゅってき》なセンスがないとメスと結婚《けっこん》できない鳥もいるんだ。ニワシドリ科の鳥がそうで、オーストラリアとニューギニアに27種《しゅ》がすんでいるぞ。

ニワシドリは、漢字で書くと「庭師鳥《にわしどり》」。庭師《にわし》とは庭を作る人のことで、この鳥たちのオスは、その名の通り庭を作るんだ。

庭は巣《す》とはちがうんだ。メスに求愛《きゅうあい》するために、小枝《こえだ》を組んでオブジェを建て、木の実や花をちりばめてきれいに庭を作る。それを見たメスが、「なんてすてきなお庭！」と感激《かんげき》すれば、第一段階《だんかい》はクリア。つづいてオスは、庭でダンスをおどってメスをさそい、気に入ってもらえば結婚成立《けっこんせいりつ》。

とにかく、メスのハートを射《い》ぬくには、お庭作りのセンスが重要《じゅうよう》。というわけで、芸《げい》術的《じゅってき》なセンスがないオスは、結婚《けっこん》もできないわけだ。

どんな庭を作るかは、鳥の種類《しゅるい》によってちがう。いちばんの庭作り師《し》は、ニューギニアにいるチャイロニワシドリだろう。チャイロニワシドリのオスは、ムクドリほどの大きさの茶色い地味な小鳥だ。森の中に、大きさ1メートルくらいの小枝《こえだ》を組み合わせた小屋みたいな構造物《こうぞうぶつ》をたて、入り口に赤や青、黒など、色とりどりの木の実や花を色別《いろべつ》に集めて、美しい庭を作る。森の中でこれに出会ったら、鳥がつくったなんて思えないだろうな。

オーストラリアにいるアオアズマヤドリは、小枝《こえだ》を組んで一対《いっつい》の垣根《かきね》を立て、まわりに青い物をちりばめた庭を作る。

「ちょっと、アオアズマヤドリさん、青がすきなんですか?」

「いや、ぼくはどうでもいいんだけど、メスが『青じゃないとダメ』って言うからさ。でもね、自然《しぜん》の中で青い物を集めるのって、意外とたいへんなんだよ。木の実やインコの羽《はね》くらいしかないからね。ところが最近はいい物があるんだ。それはペットボトルのキャップやストロー。とにかく青ければ素材《そざい》はなんでもいいんだ。あと

チャイロニワシドリの庭　©川辺洪

ね、大きな声じゃいえないけど、他の鳥の庭からこっそりぬすんでくることもあるんだ。でも、ゆだんしていると取り返されちゃうから、同じ青い羽根《はね》が2つの庭を行ったり来たりすることもあったなあ」

いろいろ苦労《くろう》しているんだね。

こうしてすてきな庭ができて、ダンスがうまくおどれるとメスと交尾《こうび》ができる。モテるオスだと33回も交尾《こうび》した記録《きろく》もあるけど、そのいっぽうで1回しか交尾《こうび》ができなかったオスもいるんだって。そんなオスは頭にきちゃうのか、せっかく作った庭をめちゃめちゃにこわしてしまうこともあるそうだ。いやはや、ニワシドリのオスはとんでもない苦労《くろう》をしているんだねえ。

青いペットボトルのふたを運ぶアオアズマヤドリ　© Ken Griffiths

それぞれがんばってます

3 編《あ》み物《もの》がうまくできないと結婚《けっこん》できないハタオリドリ

ダメダメ!!!
そんなあみかたで生活できると思って!?
バシ
バシ
しゅみでやってんじゃないんだよ!!!
ごめんなさい…

巣《す》のできばえでメスにアピールする鳥もいるんだ。それは主にアフリカにいるハタオリドリのなかまだ。

ハタオリドリは、スズメの親戚《しんせき》みたいな小鳥で117種《しゅ》もいる。一番のとくちょうは、くちばしで草で編《あ》んで、かごのような巣《す》を作ることだ。そのできばえは、鳥が作ったとは思えないほどよくできている。高い木の枝先《えださき》にぶら下げたり、湿地《しっち》の草の茎《くき》に作ったり、巣《す》を作る場所はいろいろだ。

メンガタハタオリは、木の枝先《えださき》にぶら下げる巣《す》を作る。巣《す》の入口を下向きに作るのは、天敵《てんてき》のヘビを入れないためだよ。

そして、巣《す》を作るのはオスの仕事だ。くちばしを使って草を編《あ》んでいく。できあがると巣《す》の入り口にとまって、つばさをこきざみに動かしてメスをよぶんだ。よばれたメスは巣《す》に入って中を点検《てんけん》するんだけど、気に入らないとこわしてしまうこともある。なにもそこまでしなくてもと思うけどねえ。

「メンガタハタオリさん、せっかく作った巣《す》をこわすなんて、ひどいですね？」

「ああ、じつはちょっと頭にきているんだ。でも、大切なヒナを育てる場所だから、

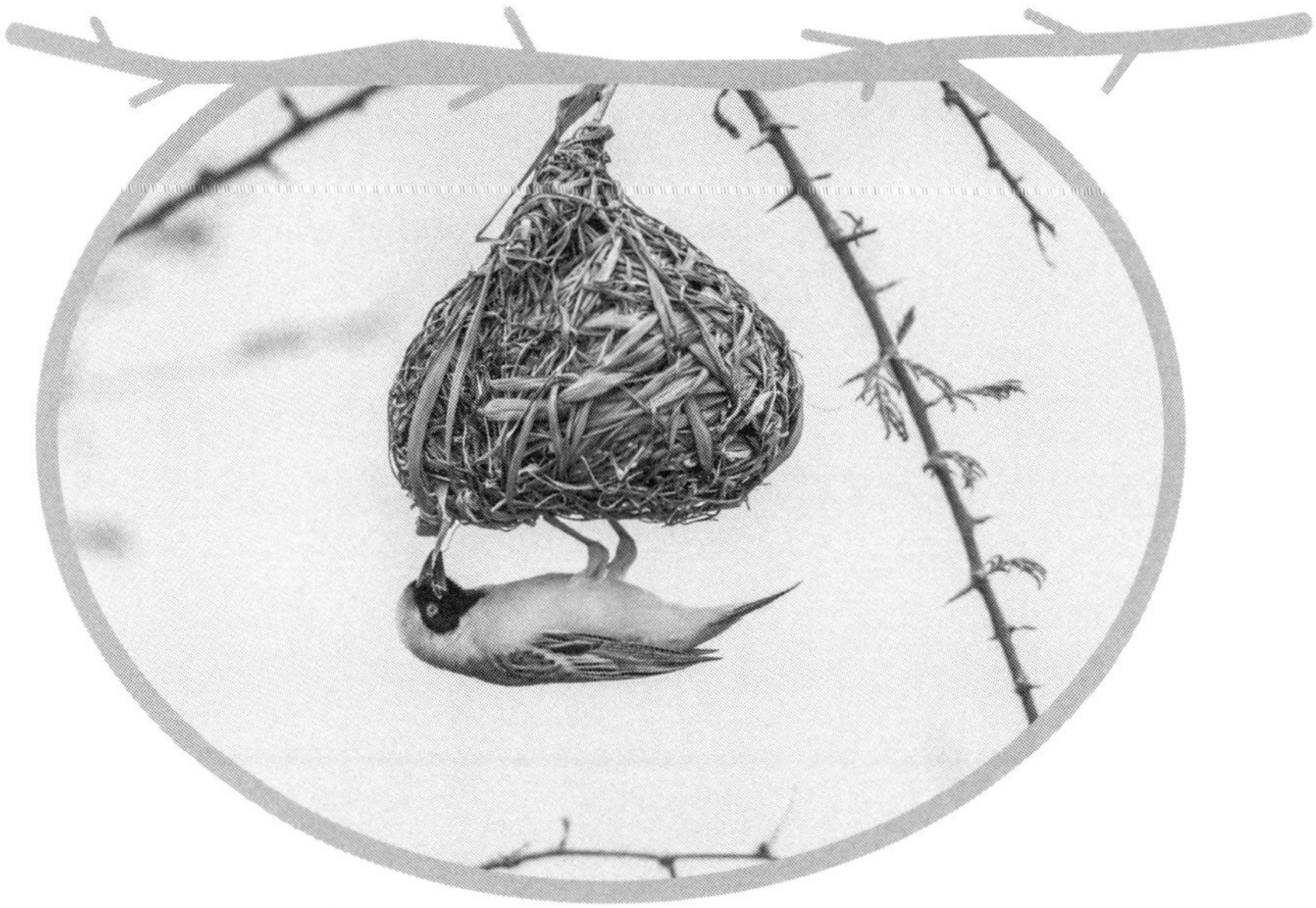

巣《す》を作るメンガタハタオリのオス　© Utopia_88

メスもしんけんなんだよね。また最初《さいしょ》からやり直すしかないよ。でも、作るのはほんとうにたいへんなんだ。トホホ……」

そうだよね。メンガタハタオリがいるアフリカのサバンナは動物の宝庫《ほうこ》だから、天敵《てんてき》もたくさんいる。だから、メスが巣《す》えらびに慎重《しんちょう》になるのはしかたないだろうな。

自分の子孫《しそん》をのこすために、オスたちは今日も一生懸命《いっしょうけんめい》巣《す》をくちばしで編《あ》んでいる。

ジャ――――ン!!
どうだい?ぼくが心をこめて作った巣!
最高ケッサクだよ!
芯《しん》の部分に固い枝や草を使ってるから床抜けの心配も無用!!
えらびぬいた素材がヒナの成長を守ります
肌ざわりにもこだわってつるんとした仕上がり!!こんな巣他にはなかなか…
あの――…
じわん
すんごいゆれてこわいんですけど…
じわん

4 子育ては他人《たにん》まかせのカッコウ

それぞれがんばってます

ここでクイズ。鳥の子育てでいちばんとくちょうてきなことは、なーんだ？

答えは、卵《たまご》をあたためること。どんな鳥でも、卵《たまご》を産《う》んだらおなかの下に入れて、自分の体温であたためないとヒナがかえらないよね。あたためる日数は、短いと10日くらい、長いと80日もかかる。そのあいだずっとすわってあたためつづけなければならないから、ほんとうにたいへんだよね。それだけじゃない。ヒナが生まれたら、今度は毎日エサをとってきてあたえなければならない。子育てってほんとうにたいへんなんだ。

ところが鳥の中には、そんな重労働《じゅうろうどう》をしなくてもいいやつがいる。それは、カッコウだ。カッコウは、ハトくらいの大きさでスマートな体型《たいけい》の灰色《はいいろ》の鳥。日本には5月ごろになると南の国からやってきて、9月にはまたいなくなる渡《わた》り鳥だ。

このカッコウ、オオヨシキリやノビタキといったほかの鳥の巣《す》の中に、すきをみて自分の卵《たまご》をひとつ産《う》むんだ。これを「托卵《たくらん》」という。

ひどいことに、卵《たまご》を産《う》まれたオオヨシキリのほうはそのことに気がつかないんだ。だって色やもよう、大きさがよくにているからね。カッコウときたら、オオヨシキリの卵《たまご》をひとつ食べてから産《う》むから、数も変《か》わらないんだ。

そのうえ、オオヨシキリよりもカッコウの卵《たまご》が先に孵化《ふか》すると、ヒナは、まだ孵化《ふか》していないオオヨシキリの卵《たまご》を巣《す》の外にぜんぶすててしまうんだ。こうして巣《す》を独占《どくせん》して、エサをまつ。

ふしぎなことにオオヨシキリは、自分のヒナではないと気がつかないんだ。だから、エサをはこんであたえつづけ、自分より大きくなったカッコウを巣立《すだ》たせるまでめんどうをみる。

なんてずるいんだろう。ほかの鳥にたいへんな子育てをおしつけるなんて。ちょっと、もんくを言ってやろう。

「おい、どうして自分で子育てしないんだ！ みんな苦労《くろう》してやっているのに、自分だけ楽をするなんてずるいじゃないか」

左上がカッコウのたまご

「そんなことないわよ。ほかの鳥の巣《す》に卵《たまご》を産《う》むタイミングって、すごくむずかしいから、ずっとオオヨシキリを監視《かんし》していなければならないし、卵《たまご》はひとつしか産《う》みこめないから、たくさんの巣《す》を見つけないとならないの。たまにオオヨシキリに見つかって追いかけられることもあるしね。これだったら自分で子育てしたほうが楽かしら、って思うことがしょっちゅうよ」

ふうん、カッコウにはカッコウの苦労《くろう》があるのか。

自然《しぜん》の中で生きるって、だれにとってもたいへんなことなんだね。

巣《す》からはみ出すカッコウのヒナ

5

オスが子育てをするタマシギ

それぞれがんばってます

人間の世界では、お父さんは外で仕事、お母さんはうちで家事や育児《いくじ》をするというスタイルも多かったけど、最近《さいきん》はお父さんが家にいて家事や育児《いくじ》をすることもふえてきたよね。

鳥の世界では、多くはお父さんが狩《か》りなどに行ってエサをとってきて、お母さんが巣《す》にいて卵《たまご》をあたためたり、ヒナの世話をするんだ。でも、世の中にはなんでも例外《れいがい》というものがあるんだね。たとえばタマシギという鳥は、お父さんが子育てをするんだよ。

タマシギはムクドリくらいの大きさで、田んぼなどの湿地《しっち》にいる水鳥だ。タマシギのお父さんは、卵《たまご》をあたためるだけじゃなく、ヒナのめんどうもすべてみる。それだけじゃないぞ。タマシギはふつうの鳥とは、すべてが逆転《ぎゃくてん》しているんだよ。

鳥って、ふつうはオスがきれいでメスが地味でしょ。ところがタマシギは、メスが色あざやかで、オスが地味なんだ。体の大きさもメスのほうが大きい。求愛《きゅうあい》もメスがオスにむかってする。「コォー、コォー」と、大きな声でオスをよび、つばさを広げてダンスをおどるんだよ。

夫婦《ふうふ》になると、巣《す》づくりはいちおうメスもやるけど、だいたいはオスが作る。さすがに卵《たまご》はオスが産《う》めないからメスが産《う》むんだけど、4こ産《う》んだらいなくなっちゃうんだって。スピード離婚《りこん》だ。

のこされたお父さんは、男手ひとつで子どもを育て上げなければならないけど、これがタマシギ界では常識《じょうしき》なんだって。

卵《たまご》は20日間で孵化《ふか》して、40~70日間くらいヒナのめんどうをみる。日数に差があるのはエサの量のちがいでね、エサが多ければ短くて、少ないと長くなるそうだ。

ところでどこかへ行ってしまったメスはどうしているんだろうね。

「タマシギのメスさん、卵《たまご》を産《う》んでからどこへ行くの?」

オス(左)に求愛《きゅうあい》するメス(右)

「もちろんほかのオスのところに行くのよ。そこでまた夫婦《ふうふ》になって卵《たまご》を産《う》むの。そうしてつぎつぎとオスと夫婦《ふうふ》になって、卵《たまご》をたくさんの巣《す》に産《う》むのよ」

「ひゃあ、なんでそんなにつぎつぎ産《う》まなければならないんですか？」

「だって、わたしたちタマシギは、子育てが失敗《しっぱい》することがけっこうあるのよ。巣《す》が水につかってしまったり、ヘビに卵《たまご》を食べられてしまったりね。だから、いくつもの巣《す》に卵《たまご》を産《う》んだほうが、うまくいく確率《かくりつ》が高くなるの。これがタマシギ流の子育てのやりかたなの」

なるほど、たしかにタマシギの巣《す》って田んぼの畦《あぜ》なんかにあるから、いろんな危険《きけん》があるんだね。

だからメスはオスに子育てをまかせて、たくさんの巣《す》に卵《たまご》を産《う》んで、ヒナたちが少しでも生きのこる可能性《かのうせい》を高くするというわけか。

ほんとうに自然界《しぜんかい》ってよくできているんだなあ。感心しちゃうよね。

あとがき――鳥の声に耳をかたむけよう

柴田佳秀《しばたよしひで》

「そんなの、鳥に聞いてみないとわからないね」

鳥の研究をしている友人たちと話をしていると、よくこう言われる。

たしかに、鳥の研究をしていると、ドリトル先生みたいに動物と自由に話ができたら、どんなにいいだろうなあ、と思うことがある。

ドリトル先生は、イギリス人のヒュー・ロフティングさんが書いた物語「ドリトル先生シリーズ」の主人公の獣医《じゅうい》さん。ペットのオウムに動物語を教えてもらい、自由自在《じゆうじざい》に動物たちと話ができる人だ。そんなドリトル先生みたいになれたら、鳥のことがものすごくよくわかるだろうなと思ったのが、この本を書くきっかけとなった。だから名前を「ドリトル柴田《しばた》」にしたんだよ。

もちろん、本当に鳥と話ができたわけじゃないけど、ボクは鳥と話をするみたいな気持ちになっていつも研究している。じつは、鳥と人間は暮《く》らしている世界がとてもよく似《に》ている。たとえば、ほとんどの鳥が活動する時間は昼間だ。また、色のついた世界を目で見て暮《く》らしている。そして、声を発してコミュニケーションをとる。これは人間とまったく同じ。ようするに鳥と人間は、同じような世界で生きているから、ちょくせつ言葉が通じなくても、理解することができるはずなんだ。

ただ、それには鳥たちの気持ちになって、ていねいに仕草《しぐさ》や声を観察《かんさつ》しなければならない。それさえできれば、だれだってドリトル先生のように、鳥たちの世界が見えてくるはずだ。

さあ、キミたちも、ドリトル先生になって、鳥たちのふしぎでおもしろい世界を見てみよう。アマゾンやアフリカに行かなくても、鳥は、家の窓《まど》を開ければいつだって会うことができる動物だ。そこにはヘンテコな鳥やそうでもない鳥もいるだろう。

やさしい気持ちをわすれずに、鳥の声に耳をかたむけて、鳥たちからのメッセージをとらえてごらん。きっと、この本で紹介《しょうかい》したような、わくわくする出会いがまっているはずだからね。

野鳥を観察《かんさつ》してみよう

★時間は？

○日の出から９時くらいがベスト、午前中なら大丈夫（鳥は朝早くがいちばんよく鳴き、動き回る。午後は鳥の動きがなくなり、見つけにくくなる）

○干潟《ひがた》は干潮《かんちょう》から満潮《まんちょう》になる間（その時間はだんだん鳥が近づいてくる。満潮《まんちょう》だと鳥がいないし、干潮《かんちょう》だと鳥が遠い）

まもってほしいこと

●川や池は危険《きけん》なので、大人といっしょに行こう。

●大きな声で話したり、走り回ったりしない（鳥がおどろいて逃《に》げてしまうよ）。

●「鳥がいた」と思ってもやたらに近づかない（鳥にとって人はこわい動物だから、近づくと逃《に》げてしまう。近づくときはゆっくりと、鳥の様子を見ながら「だるまさんがころんだ」のようにやるといい）。

●とにかくなんでもゆっくりやる（歩くスピードもゆっくり、やさしい気持ちで行動すると鳥が見つかる！）。

★服装《ふくそう》

○長そでの上着に長ズボン（自然《しぜん》の中に入るので）
○あまりはでではない色の服（赤や黄色だと目立つので）
○運動グツ（歩きやすいクツ）

★持ち物

○双眼鏡《そうがんきょう》（倍率《ばいりつ》は８倍がよい。小型で軽い機種《きしゅ》がおすすめ）
○図鑑《ずかん》（野外観察《かんさつ》用のフィールドガイド、『野鳥観察《かんさつ》ハンディ図鑑《ずかん》』日本野鳥の会、がおすすめ）
○ノートとエンピツ（見た鳥のことをメモする）

★どこにいくか

○木がたくさんあって池がある公園（もちろん近所にいる鳥でもよい。森の中は木の葉がたくさんあるので、初心者だと鳥を見つけるのはかえってむずかしい）
○鳥を観察《かんさつ》する専用《せんよう》の公園（近くにあるか探《さが》してみよう。代表的なものは 154 ～ 155 ページ参照《さんしょう》。ガイドツアーが申《もう》しこめるならそれもおすすめ）

★季節《きせつ》はいつがいい？

○初心者は秋から冬がおすすめ（平地は秋から冬にかけてが一番鳥の種類《しゅるい》や数が多い。とくに池のそばはカモやサギがたくさんいるから簡単《かんたん》に見られる）
○干潟《ひがた》は４～５月と、９月がベストシーズン（真夏は鳥がいない）

野鳥を観察《かんさつ》してみよう

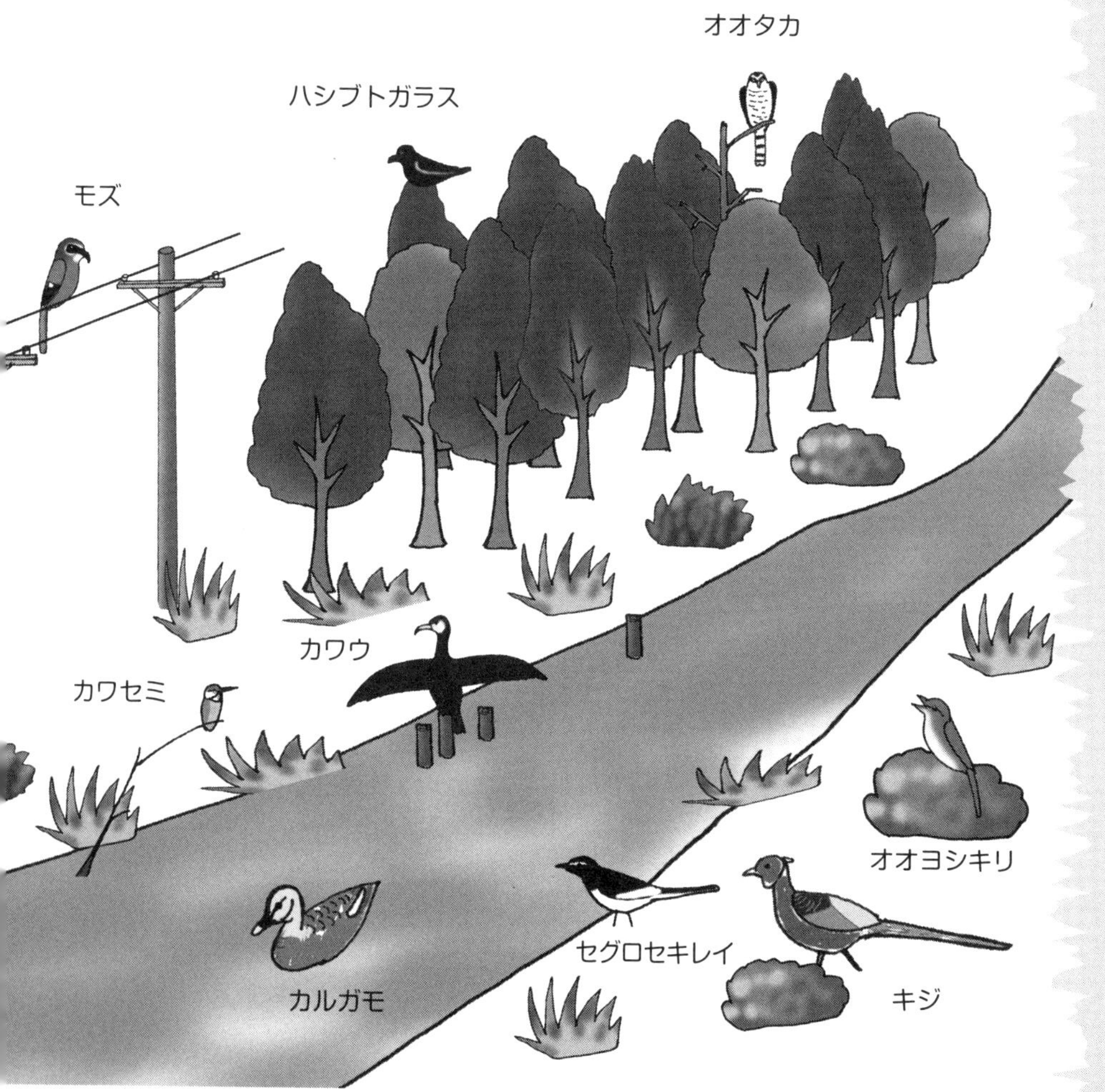

★鳥を見つけるには

○動くものに注意《ちゅうい》する（一点を見つめないで、視野《しや》を広くして動くものに気がつくようにする。鳥はたいてい動いている）。

○鳴き声に注意《ちゅうい》する（鳥はとてもよく鳴き、種類《しゅるい》によって鳴き声がちがう。ベテランのバードウォッチャーは鳴き声で 80%の鳥を見つけている。最初《さいしょ》は鳥の鳴き声はなかなかおぼえられないけど、インターネットで聞けるから、前もって聞いておくのもいいね）。

○鳥がいる場所は決まっている（イラスト参照《さんしょう》。鳥が止まりやすいのは、木のてっぺんや電線、池の杭《くい》など）。

○木の実がなる樹木《じゅもく》を見る（秋から冬は鳥が食べに集まってくる。トウネズミモチやカキなどの果実がなる木をおぼえておこう）。

★鳥の名前を調べる

本の図鑑《ずかん》で調べるのが一番よい。外で鳥を見て、その場で図鑑《ずかん》で調べる。わからなかったら、目立つ色や大きさ、くちばしの形などをノートにメモして、家に帰ってから図鑑《ずかん》で調べる。インターネットはわかりにくいので。

できる施設《しせつ》

●姫路《ひめじ》市自然観察《しぜんかんさつ》の森

〒671-2233　兵庫県姫路市太市中915-6　TEL 079-269-1260

http://park15.wakwak.com/~himeji/top/top.htm

●高島市新旭《あさひ》水鳥観察《かんさつ》センター

〒520-1531　滋賀県高島市新旭町饗庭1600-1　TEL 0740-25-5803

http://okubiwako.net/mizudori/main/

●琵琶湖《びわこ》水鳥・湿地《しっち》センター

〒529-0365　滋賀県長浜市湖北町今西　TEL 0749-79-8022

https://kitabiwako.jp/spot/spot_764

●米子《よなご》水鳥公園

〒683-0855　鳥取県米子市彦名新田665　TEL 0859-24-6139

http://www.yonago-mizutori.com/

●山口県きらら浜《はま》自然観察《しぜんかんさつ》公園

〒754-1277　山口県山口市阿知須509-53　TEL 0836-66-2030

http://kirara-h.com/

●油山《あぶらやま》市民の森・自然観察《しぜんかんさつ》の森

〒811-1355　福岡県福岡市南区大字桧原855-4　TEL 092-871-6969

https://www.shimi-mori.com/

●漫湖《まんこ》水鳥・湿地《しっち》センター

〒901-0241　沖縄県豊見城市字豊見城982　TEL 098-840-5121

https://www.manko-mizudori.net/

●ウトナイ湖サンクチュアリネイチャーセンター
〒 059-1365　北海道苫小牧市植苗 150-3　TEL 0144-58-2505
http://park15.wakwak.com/~wbsjsc/011/

●福島市小鳥の森
〒 960-8202　福島県福島市山口字宮脇 98　TEL 024-531-8411
http://f-kotorinomori.org/institution/

●谷津《やつ》干潟《ひがた》自然《しぜん》観察《かんさつ》センター
〒 275-0025　千葉県習志野市秋津 5-1-1　TEL 047-454-8416
https://www.seibu-la.co.jp/yatsuhigata/

●東京港野鳥公園
〒 143-0001　東京都大田区東海 3-1　TEL 03-3799-5031
http://www.tptc.co.jp/park/03_08

●葛西臨海《かさいりんかい》公園・鳥類園
〒 134-0086　東京都江戸川区臨海町 6-2-1　TEL 03-5696-1331
葛西臨海公園サービスセンター
http://www.tokyo-park.or.jp/park/format/index026.html

●横浜自然観察《しぜんかんさつ》の森
〒 247-0013　神奈川県横浜市栄区上郷町 1562-1　TEL 045-894-7474
http://park15.wakwak.com/~yokohama/index.html

●水の公園福島潟《がた》
〒 950-3328　新潟県新潟市北区前新田乙 493 番地　TEL 025-387-1491
https://birder.jp/various/link/l-institution.html

●豊田市自然観察《しぜんかんさつ》の森
〒 471-0014　愛知県豊田市東山町 4 丁目 1206 番地 1　TEL 0565-88-1310
https://toyota-shizen.org/index.html

世界の鳥に会える場所

旭山《あさひやま》動物園（北海道） TEL 0166-36-1104

那《な》須《す》どうぶつ王国（栃木《とちぎ》県） TEL 0287-77-1110

上野動物園（東京都） TEL 03-3828-5171

井《い》の頭《かしら》自然《しぜん》文化園（東京都） TEL 0422-46-1100

★富士《ふじ》花鳥園（静岡《しずおか》県） TEL 0544-52-0880

★掛川《かけがわ》花鳥園（静岡《しずおか》県） TEL 0537-62-6363

福岡市《ふくおかし》動植物園（福岡《ふくおか》県） TEL 092-531-1968

＊このほかにも、動物園には世界の鳥がいることが多いので、近くの動物園に電話して聞いてみよう。
★印《しるし》の花鳥園はとくにたくさんの種類《しゅるい》の鳥がいるよ。

＊鳥について知りたいなら、「我孫子市鳥《あびこしとり》の博物館《はくぶつかん》」（TEL 04-7185-2212）に行ってみよう。鳥の起源《きげん》と進化や、世界の鳥についてもいろいろなことが学べるよ。
ホームページ　https://www.city.abiko.chiba.jp/

（写真協力）
堀内洋助　21p ホウロクシギ
川辺洪　133p チャイロニワシドリの庭
西川正昭　27p ハシマガリチドリ
PIXTA　34p ヘラサギ、60p ゴジュウカラ、77p ササゴイ、145p タマシギ
iStock　8p ハシビロコウ、10p ハイギョ、13p ヤリハシハチドリ、30p、31p クロハサミアジサシ、36p ヘラシギ、39p コシグロペリカン、43p イスカ、48p、49p ハイイロタチヨタカ、56p ヒクイドリ、61p レンカク、65p グンカンドリ、68p、69p クロコサギ、73p キョクアジサシ、121p タンチョウ、127p、128p コトドリ、134p アオアズマヤドリ、137p メンガタハタオリ

柴田佳秀（しばた　よしひで）

科学ジャーナリスト、1965年東京生まれ。東京農業大学農学科卒。番組制作会社に勤務し、ディレクターとして「生きもの地球紀行」、「地球！ふしぎ大自然」などのNHK自然番組を多数制作する。2005年からフリーランスとして本の執筆・監修、幼児対象の自然観察会講師、教員研修会講師などを行っている。著作は『動く図鑑move鳥』（講談社）、『わたしのカラス研究』（さ・え・ら書房）、『おもしろ生き物研究　カラスのジョーシキってなんだ？』（厚生労働省児童福祉文化財特別推薦）『同　おしえてフクロウのひみつ』（子どもの未来社）など多数。所属：日本鳥学会会員、都市鳥研究会幹事、千葉県昆虫談話会会員。

マツダユカ（まつだ ゆか）

静岡県出身。武蔵野美術大学視覚伝達デザイン学科卒。
在学中から鳥のおもしろい生態や個性的な形態をモチーフにしたイラストや漫画を制作。漫画に「ぢべたぐらし」シリーズ（リブレ出版）、『きょうのスー』（双葉社）、『始祖鳥ちゃん』（芳文社）、『うずらのじかん』（実業之日本社）など。本シリーズ「おもしろ生き物研究」で3冊の挿絵とマンガを担当。

＊編集　堀切リエ
＊装丁・デザイン　松田志津子

おもしろ生き物研究
世界のヘンテコ鳥大集合

2020年2月27日　第1刷印刷
2020年2月27日　第1刷発行

著　者　柴田佳秀
発行者　奥川 隆
発行所　**子どもの未来社**
〒113-0033 東京都文京区本郷 3-26-1-4 F
TEL 03-3830-0027　FAX 03-3830-0028
E-mail：co-mirai@f8.dion.ne.jp
http://comirai.shop12.makeshop.jp/
振替　00150-1-553485
印刷・製本　中央精版印刷株式会社

ISBN978-4-86412-165-1　C8045

隠れた名所発見！　君も忍者になって歩いてみよう！

TOKYO
忍者ロードマップ

総合・フィールドワーク

NDC291　B5判
定価1,500円+税
対象学年 小学校中学年〜一般
堀田けい 著／高橋由為子 絵／
山田雄司 監修
ISBN978-4-86412-163-7

東京の忍者ゆかりの地を旅するガイドブック。地区別のウォーキングマップとチェックポイントを丁寧に紹介。忍者の歴史や自由研究の仕方も掲載。

お金についてたのしく学ぼう！

達人になろう！
お金をかしこく使うワザ
お金のつくり方、貯め方、使い方、寄付のしかたについて

社会科 金融・経済

NDC338　A5判
定価1,500円+税
対象学年 小学校中学年〜一般
エリック・ブラウン&
サンディ・ドノバン 著／
上田勢子 訳
ISBN978-4-86412-164-4

お金とは何か、目標、予算、口座やカード、投資など、世界を動かすお金の知識を身につけよう。